JN257879

検索せよ。そして、動き出せ。

パラレルライフを実現する
出会いのドアの開き方

桐谷晃司

ビジネス社

本書は、ｗｅｂで成功した経営者の物語ではなく、
ましてや農業の入門書でもない。

この本は、著者が魂の冒険と、
さまざまな試行錯誤の末に手にした実践の書である。

そのキーワードは、「検索」と「行動」である。

この二つは、情報化によって得られるパワーと、
それを生きるパワーに変えていくためのキーワードである。

「検索」と「行動」はセットで初めて機能し、

人生における最も重要な「出会い」の扉を開くことができる。

しかし、現代を生きる多くの人たちは、

「検索」はしても、「行動」に移すことができない。

この本には、「検索」と「行動」によって出会いが生まれ、

そこから人生が広がっていく様子が描かれている。

本書は、スティーブ・ジョブズにとって

『全地球カタログ』がそうであったように、

人々のバイブルになるべき本である。

はじめに

毎週、千葉県の南房総と東京を移動する二拠点生活も5年目に入った。

起業家を目指して、26歳のときに初めて新卒の人材コンサルティング会社であるワイキューブを仲間5人で起業し、その後、2度の起業と1度の倒産を経験した。

私の人生を大きく変化させたのは、2008年に起きたリーマンショックだった。

事業縮小を余儀なく強いられ、自分の人生を再生するために、自己再生の旅に出た。

その中で感じたことは、行き過ぎた金融至上主義はもう続かない、ということ。

バーチャル経済から実経済に移行する。

グローバリゼーションからローカライゼーションに軸が動く。

かつて、バックパックを背負って世界30カ国を放浪した知見と、経営者としての経験から、再生の旅のキーワードを、私は「自給自足」と「コミュニティ」とした。

そして、あらたに日本全国を巡って得た気づきをもとに、NPO法人「あわ地球村」を立ち上げ、パラレルワークを始めた。

無農薬、無化学肥料で米と味噌、醤油をつくり、その仕組みを都会で暮らす人々にも広く提供することで「結い」のコミュニティをつくり、持続可能な社会をつくるきっかけとしたいと考えたからだ。

会社経営の仕組みも根底から変えた。

東京では、ウェブ制作会社であるデジパを経営しているのだが、リーマンショックを機に赤字転落した。

それをきっかけにピラミッド型組織のマネージメントを放棄した。

私が、田舎暮らしを始めて、パラレルワークを始めたら、多くのメンバーが東京都心から離れていき、さらにパラレルワークを始める人が自然発生的に増え始めた。

いちばん遠くに引っ越したウェブデザイナーが選んだ場所は、ニュージーランドのクライストチャーチだった。

自分が住みたい場所に住んだり、好きなことをサイドワークにしたことで、各個人の能力が上がった。好きなことをする時間を増やしたことで、生きるエネルギー源が大きくなったことと、ふだん使わなかった脳を活用した効果であると私は分析をしている。

結果的に、会社が再び黒字転換し経常利益が上がり始めた。

私自身は、価値観と行動を変えたおかげで、まったく違う人生になってしまった。

それと引き替えに、「会社は毎年右肩上がりで成長しなければならない」「全員が同じフロアで働かなければ会社が機能しない」などの固定観念を捨てた。

今は、歴史の断層地帯を歩いているような変化の激しい時代なので、目の前の現実に危機感や閉塞感を抱く人が多い。

でも、少し視点をずらすと新しい世界が広がっているのかもしれない。

今、地方の空き家率はどんどん高まり、私が住む南房総市は、22・3％である（2008年総務省資料）。

東京のオフィスから南房総の拠点まで、車でわずか1時間半。

東京の一極集中が進んでいるのを感じるが、一方で別の生き方の選択も可能になってきている。

自然あふれる田舎に拠点を持って、農を始めたり、地域通貨を活用して新しいコミュニティをつくったり、週末カフェや週末シェアハウスをやってみたり、地方の過疎化が叫ばれる中でも、インターネットサービスの普及により、新しいチャンスが生まれてきてもいる。

そして、田舎から新しい取り組みを始める人が増え始めている。

この本は、ウェブで成功した経営者の物語ではなく、農業の入門書でもない。

私が魂の冒険と、さまざまな試行錯誤の末に手にした実践の書である。

その実践とは、「検索」と「行動」である。

「検索」と「行動」はセットで初めて機能し、人生における最も重要な「出会い」の扉を開くことができる。

そして、人生が広がっていくのである。

著者

第1章 リーマンショックが起業家としての生き方を変える

第2章

新たな生き方を模索する（田舎は循環している）

第3章 あわの国に移住

第4章 あわの国の人は、あばら骨が足りない（あわの国の移住者を紹介）

第5章

会社を開放する（デジパ再生）

第6章 自由に生きる人を増やしていく（日本の新しいハッピーをつくる）

第１章

リーマンショックが起業家としての生き方を変える

ベトナム法人の売却

2008年12月26日、18時05分。私の会社デジパのオフィスに1枚のファックスが届いた。はりつめるような思いで手に取った私は、目を通すと思わず安堵のため息をもらした。それは、デジパのベトナム法人の売却が完了したことを知らせる譲渡契約書だった。譲渡先は恵比寿でウェブサイト構築を主な業務に展開するバイタリフィである。

ベトナム法人を売却することを決めてから3カ月、その日は受け入れ先で役員会が行われ、その結果を受けて15時に譲渡契約書が届く予定だったのだが、時間は大幅に遅れて届いた。

それからすぐに社長の川勝潤治さんから「すみません、お約束の時間を過ぎてしまいまして。役員会で意見が割れたのですが通りました」という電話が入った。結果的には、社長の藤田は続投で既存の組織体系は変えずに受け入れてもらい、株主交代での事業譲渡というこちらの条件を100%のんでもらう形での事業売却が決まった。

この日の17時からデジパの年度末の納会があり、そこでの社内発表をもくろんでいたのだが、打ち上げの飲み会での発表となった。

デジパのベトナム法人の売却は、リーマンショック後の敗戦処理が終えたことを意味する。

そう、同年の9月15日に起きたアメリカの投資銀行リーマン・ブラザーズの破綻は世界金融危機の引き金となり、いわゆるリーマンショックと呼ばれるが、これにより日本の金融機関の新規投資・融資が機能しなくなっていた。デジパにとっても致命的な出来事で、ベトナム法人への増資引き受けを約束していたベンチャーキャピタルがすべての新規投資を止めた結果、出資は承認できないと通告されてしまったのだ。

さらに当時のメインバンクであった三井住友銀行にも追加融資の申請をしたが、こちらも承認はおりず、苦渋の選択で事業売却の道を選んだ。

グローバリゼーションの正体

ベトナム法人を設立したことには意味があった。

2004年から日本のエンジニアの給与が高騰し始めており、下流工程のプログラマーでも最低月収が30万円を超えていた。

それでもエンジニアの確保には各社とも苦戦していた。

どこの企業もエンジニアが足りず、エンジニアの確保が死活問題であった。

そんなとき、ダニエル・ピンクの著書『ハイコンセプト』を読んだ。そこにはこう書かれていた。

ダニエル・ピンクは副題を「情報化社会からコンセプチュアル社会へ」

「第1の波」の農耕社会
「第2の波」の産業社会
「第3の波」の情報化社会

そして、情報化社会もいまや最終段階に入っていて「第4の波」が押し寄せつつあるというのがメインテーマである。(以下抜粋)

●ビジネス雑誌「フォーチュン」が選ぶ「フォーチュン500」のうち半分以上の企業が、現在ソフトウェア関連の仕事をインドに外注している

●アメリカのコンピュータ、ソフトウェアにおける仕事の10%が今後、2年で海外へ移さ

れる

●アメリカ人の所得申告を行う公認会計士や国内の訴訟について判例検索する弁護士がアジアの各地で見られるようになった

これは、ホワイトカラーの仕事がインドだけでなくアジアの諸外国に移っており、欧米の左脳型ホワイトカラー労働者にとっては悪夢を意味する。

右脳を使ってクリエイティブに新しいモノをつくり出す能力を身につける必要性がある、左脳型の中流は生き残れないというような結論が書かれてあった。

さて、そこから10年を経たが、今はどうだろう？

業界では中国進出が始まり、システム開発を日本から中国に発注する動きが出始めた。

２００４年、中国人のプログラマーの平均月収が５００ドル。

私も、営業にやってきた上海企業に３カ月くらいの納期案件をテスト案件として発注してみることにした。

結果は散々だった。

相手先のプロジェクトマネージャーが毎月替わる。

理由を聞くと、同業の企業にヘッドハンティングされていくのだという。おかげで、3カ月納期の案件は、納品まで倍の6カ月を要した。日本でもヘッドハンティングで引き抜かれていくことはあるが、プロジェクトの途中で抜けることは稀有である。道義上の問題である。その感覚は中国と日本では大きく異なることを知らしめられた。

上海の拝金主義の風土を見たときに、私は上海進出をあきらめた。

それからしばらくして、2007年にベトナムのホーチミンを視察する機会が訪れた。ホーチミンには、私が世界を放浪していた1995年以来、実に12年ぶりに訪れたのだが、インテリジェントビルの建設ラッシュに目を見張った。

そして、国民の勤勉性とチームを大切にする慣習に驚き、ホーチミンにシステム開発の拠点を設立することを即断で決めた。時同じくして、キャノンのデジタルカメラの工場が中国からベトナムに移ってきていた。理由は、中国の人件費の高騰だった。当時のベトナム人プログラマーの平均月収は300ドルだった。

まさに、私がグローバリゼーションの真只中に身を置いていた時代で、よりコストが低く情勢が安定した国を求めて多国籍企業が動いていた。

だが、もしもベトナムも中国並みに人件費が高騰したら、この先はどうなるのかという疑問がそのときには残った。

2007年のホーチミンは建設ラッシュで、事務所などの物件数自体が少なく、ベトナムブーム到来という様相だった。

しかし、リーマンショック後のホーチミンの街は、建設途中のビルの上で稼動していないクレーン車がいたる場所で積み上げられ、その光景は異様であった。

外資の投資マネーが一斉に引きあげ、資金の流れが止まったことを意味していた。

結局、グローバリゼーションの正体は、利回りが稼げる地域には、一気に世界からのマネーが流れ込むことにより経済発展はするが、そのマネーの流れが止まれば、アジア発展途上国の経済はいっきょに停滞するということを、ホーチミンで目のあたりにした。

起業家としての原点

起業家になりたいと思い始めたのは、大学4年時の就職活動での経験が大きい。

1988年入社組は、最後の終身雇用信奉者でもあった。

当時は、中途採用で新卒入社した会社よりも雇用条件のいい会社に入れることは稀であった。

たとえ三井銀行（現在三井住友銀行）に就職しても東京銀行（現在東京三菱ＵＦＪ）に就職しても、30歳、40歳それぞれのモデル賃金は業界一律で、30代の役員などは皆無であった。その雇用形態は自動車業界を見ても同様で、日本は業界横並びの社会だった。

このときに、日本で生きていくことの不自由さを私は感じる。

それは、１年前に大学を休学してニュージーランドで暮らした経験が私の価値観を大きく変えていたからだ。

ニュージーランドでのワーキングホリディビザを取得した私は、ウェイター、キッチンワーク、フルーツピッキングなどのアルバイトで生活費を稼ぎながら、ヒッチハイクでニュージーランド中を旅した。

そこは自然が豊かな農業国で、多くの人が仕事を終えた後に、ダイビングや釣り、ゴルフといったアウトドアライフを楽しんでいた。

あるとき、クィーンズタウンという町に行く途中に車で拾ってくれた40代の男性が、セルフビルドで自分が住む家を建てていた。

面白そうだったので、私も壁のペンキ塗りを２日間手伝った。話を聞くと、会社を１年間休んで家を建てているという。そして家を建て終わったら、会社に戻るのだという。その話を聞いてなんと自由な国なのだと感じた。

ニュージーランドを見てきた私には、日本の閉塞感漂う社会人生活に耐えうる自信がなかった。

大学4年の就職活動中に、起業しようと決めた。

私は、典型的な自由志向の強い起業家である。

そんな中で、2年間広告代理店での営業修業を経て、26歳のときに仲間5人で人材コンサルティング事業のワイキューブを立ち上げる。

1回目の起業である。

世界を旅することに憧れていた私は、29歳のときに、自ら立ち上げた会社を辞めてバックパックを背負ってインドに旅立った。

当時は、「なぜ人は生きるのか」という深い疑問があり、インド、チベット、ネパールなどをさまよい歩いた。

中村天風著『運命を拓く』（講談社文庫）に憧れた**グル探しの旅**である。結核を病んでいた中村天風氏はシンガポールでカリアッパ師に出会ったことによりヒマラヤ山中で一つの悟りを得る話なのだが、残念ながら私のもとにグルは訪れなかった。

そして、30歳のときに2度目の起業に挑戦する。大阪の繁華街にある不良債権となったビルを、日銭が稼げるフリーマーケットとしてリノベーションするという事業を始める。

2物件ほど収益物件として成功するのだが、後が続かずに2年で廃業する。

ここで、大きな問題が起きる、事業資金の調達のために、母親が住んでいる家を銀行の担保に入れていたのだ。

会社はキャッシュアウトを起こしているのだが、破産宣告をすると、母親の家を担保として差し出さなければならないので、破産ができない。

やむえず会社を休眠状態にし再度就職をして、コツコツ借金を返済する日々が約5年続いた。

デジパを起業したのは、借金の返済目処（めど）がたった2001年のことだ。3度目の起業である。

社内モチベーションが急降下

デジパの創業期の最初の事業は個人経営の飲食店に、繁盛店の商材を卸すＥＣサイト事業である。商品を自社開発し、磨き続けるには企業力がいる。個人経営店をその負担から解放することで成長を後押ししたいと考え、繁盛店のラーメンや餃子といった食材をノンブランドで仲介することを始めたのだ。

ところが予想に反し、まったく反響がなかった。半年間で売り上げはゼロという結果に終わったのだ。

そんな苦渋の中で、アメリカで当時３００億円くらいのマーケットがあったＳＥＭ（検索エンジンから自社ウェブサイトへの訪問者を増やすマーケティング手法）に着目した。

検索エンジンにヒットするウェブサイトをつくるというビジネスモデルである。アーリーステージの会社にありがちなパターンなのだが、創業期のビジネスモデルと成長に導いた事業が違うのである。

当時の日本では、ＳＥＭどころかＳＥＯ（検索エンジン最適化）対策という概念さえなかった。ウェブサイトで追求されるのはインタラクティブ性やデザイン性であり、集客という意識はなかったといえるだろう。

そうした中、集客率を上げるという観点で新機軸を打ち出し、これがヒットした。検索率が上がればウェブサイトへのアクセスが伸びる。それはつまり、24時間不眠不休で顧客対応してくれる営業パーソンを雇うこととイコールだったからだ。

多くのクライアントから支持され、2年半で売り上げは1億円を超え、社員も10名になった。

2004年のことだ。

2005年を境に、日本はアメリカに続いてなんでもかんでも証券化して資金調達をする時代に突入した。投資ファンドをはじめに不動産ファンド、ワインまでもがファンド。実マネーの30倍ともいわれるバーチャルマネーで経済が動いていた。また、大企業融資が伸びなくなったメガバンクが、こぞってベンチャー企業に融資を始めた。

デジパにもそれがフォローウインドとなり、メガバンクから低利の融資を受けて次々と新しい事業やサービスを立ち上げていったのだ。

今ではGoogleの戦略として知られる20%ルールを、当時のデジパでも導入していた。勤務時間のうち20%は通常の業務ではなく、新規事業にあてるスタイルである。

これにより生まれた事業にはヒットしたものもあれば、すぐに撤退したものもたくさんある。その手数の多さとピボットの巧みさがウェブ業界の特徴であり、デジパも荒波をたくみに泳ぎきり、成長を加速化していった。

そうした中でいちばんのヒットは、入社して2日目の平野健児が提案してきた「サイトストック」事業だった。ウェブサイトの売買が不動産のようにできたらニーズがあるのではないかという見立てによって誕生したのだが、この事業が伸びる。この新興マーケットで取扱高が3位になったので、デジパとは別会社にして平野を社長に任命した。この事業は投下資金でシェアが決まる。このため第1期の決算を経て、付き合いのあるベンチャーキャピタルから増資を引き受けてもらい、事業の拡張を図る手はずを整えた。

ところが、ここでアメリカ発の思わぬ事件が勃発する。

2007年に起きたサブプライムローン問題である。

この時期からデジパのファイナンスに黄色信号が点滅し始める。

ベンチャーキャピタルが投資を見送ったのだ。

同時期に、ウェブサイト売買のマーケットで1位だったサイトキャッチャーが、上場企業に買収される。

サイトストックは資本がなければ事業拡大ができないビジネスモデルである。同じビジネスを展開する1位の会社が上場企業に買収されたのを機に、私たちも事業売却に動く。

そこでマザーズに上場していたアイレップの高山雅行さんに相談にいくと、快く事業譲渡を引き受けてくれた。

さらにデジパへの逆風は続く。

先に述べた、ベトナム法人の売却である。サブプライムローン問題と連鎖して起こったリーマンショックがさらに追い討ちをかける。

クライアントからの受託事業はこの年、対前年比30%ダウンで創業以来初めての事業赤字に転落する。

2事業を売却したことにより経営危機は免れることができた。しかし、メンバーのテンションは一気に下がっていた。象徴的だったのはオフィスだ。

社員が増え続けていたため、2年を待たずに新しいオフィスへの移転を繰り返していた。市ヶ谷、赤坂、溜池山王と移転するたびに、倍々のスケールに増床していた。それが一転、事業縮小を機に手狭のオフィス、それも山手線の外にあるビルに移転することになったのだ。そのビルにはデジパと同じくリーマンショックで打撃を受けた企業が、強風に吹き飛ばされた避難民のように集まっていた。まさに都落ち、そんな環境で士気を上げろと言っても無理というものだ。

明らかにテンションを下げているメンバーを前に、私はこのままではいけないと感じていた。精神状態で言えば私のほうが追いつめられていたが、経営者として会社の今後の方向性を打ち出さなければならないと感じたのだ。

そのとき思わず口をついたのが「**持続可能な会社を目指す**」という方針だった。苦し紛れに方針は打ち出したものの、私にはなんの戦略もなかった。おそらく、そのときの私の確信のなさはメンバーにも伝わっていただろう。

女性役員によるMBO（マネージメントバイアウト）

デジパを規模の拡大ではなく、メンバーの幸福度が高く持続可能な会社にすると宣言したときに、私の経営方針にいちばん異を唱えるであろうと想像したのが、女性役員の岡崎史だった。

彼女は私がデジパをメジャーな会社にするというビジョンに強く惹かれてジョインした人間だったからだ。

私に負けないほどメジャー志向が強く、新規事業の立ち上げにエクスタシーを感じるタイプで、これまでに新規事業を立ち上げるベンチャー企業を渡り歩き、実績を残してきた。デジパにおける彼女の役割は、ベトナム法人の日本における営業責任者と、クライアント企業とフリーランスのクリエイターをマッチングさせる〝デジパクリエイターズネット〟という自社サービスの責任者を兼務していた。

ベトナム法人の日本における営業は順調で、他社への事業売却の決定は彼女にとって青天の霹靂（へきれき）の出来事だった。

さらに追い討ちをかけるように私がデジパ事業縮小の判断を下した。彼女の失意は計りしれず、いちばんに反対することが予測された。

しかし彼女は〝デジパクリエイターズネット〟を買い取って独立することを持ちかけてきたのだ。経営陣による事業買い取り、ＭＢＯ（マネージメントバイアウト）の提案である。

これには救われた思いだった。彼女の志向を尊重できたことはもちろんだが、〝デジパクリエイターズネット〟に追加投資する予算が社内にはなかったので、お互いの意向が一致していた。

岡崎がこの話を持ちかけてきたとき、私はその場で内諾を出した。

すると彼女は、「相変わらず、決断が速いですね」と、あまりに私の決断が速かったので拍子抜けしていた。

彼女は私の経営を〝**放置プレイ経営**〟と呼ぶ。

これまで多くのベンチャー企業経営者と組んできた彼女には、権限委譲体質が根づいていたが、そんな彼女から見ても私の経営スタイルは特異だったようだ。

細かいことを指示することが嫌いなこともあるが、多くの説明をしないで仕事をふる。細かな報告も求めず、独断で事業を進めさせるさまは、権限委譲を通り越して「放置プレイ経営」というわけだ。

本当に必要なものとは

デジパの資産となる二事業を売却したことにより、時間の余裕ができて自由になった私は、リーマンショック後のビジョンを模索した。

日本の脆弱（ぜいじゃく）な社会システムに身を置き続けるかぎり、リーマンショックのような打撃が今後ないとは限らないからだ。

そんな私に大きなヒントをくれたのが、友人でＺＵＴＴＯの社長である松本靖行さんだった。

彼は、ずっと使えるものだけを集めて販売するＥＣサイトを運営していた。創業時は、月の土地を販売するアメリカのルナエンバシーの代理店事業を行っていたのだが、松本さんは独自性があり他人がマネのできない事業をやりたいと考え、ＺＵＴＴＯのサイトを立ち上げる。

そして、おもむろに田んぼを始めた。社内の米を自給自足すると宣言し、栃木県の茂木地区で田んぼを借りたのだ。社員も月に２回は田んぼに行き、自分が食べる米をつくり始めた。

私は興味本位で、松本さんや社員たちと一緒に米づくりに参加させてもらった。そこで、強く共鳴するものを感じた。社内の食料を自給自足するという考え方、それこそまさにこれからの会社のあり方であり、自分がおぼろげながら描いていた「持続可能な会社」のヒントだと感じたのだ。

この実感をもとに、私は農についての探究を始める。確証を求めて、農業にまつわる本を読みあさった。

このとき、もっとも感銘を受けたのが『わら一本の革命』(春秋社) だった。有機農業に従事する人なら誰もが手にとっているバイブルといっても過言ではない本だ。著者の福岡正信さんは農業人であると同時に、哲学者。砂漠を緑化した功績から、日本以上に海外で知られていて、インドでは国賓として敬意を払われる存在である。残念ながら、お亡くなりになっているので実際に会うことはかなわなかった。

そしてもう一冊が『奇跡のリンゴ』(幻冬舎)。絶対に不可能と言われていた無農薬、無化学肥料でのリンゴ栽培に成功した木村秋則さんの著書である。

2014年には、この話が映画化される。

木村秋則さんを目指す有機農家は多い。

農の本を読みあさるうちに、「農」が自分にとっての次のキーワードであり、**本当に必要なものは食とコミュニティだ**と思い至ったのだ。

信頼関係のある人間関係を根っこに抱えたコミュニティに、食さえあれば、どんな経済危機にもゆらぐことなく生きていける。そう確信したのだ。

GNH（国民総幸福量）を追求する組織へ

リーマンショック前の経済にも、不自然さを感じていた。実経済の30倍以上といわれるバーチャルマネーが動き、ファンドが組まれて事業を買っていく。オーナーがファンドというケースが多く、実体をともなわない世界で物事が決まる状況に、おかしいと警鐘を鳴らす自分がいた。

しかし会社の利益は出ていたし、低金利の融資で資金を調達し、好きな事業をやり、業界からも注目されていたので、会社が大きくなるエクスタシーの感覚を私は楽しんでいた。

リーマンショック以降、私は会社と自分を再生するには、これまでと違う視点、価値観が必要だと強く感じていた。

誰になにを言われてもゆらぐことのない幸せのものさしを自分の中に見い出し、その実現のために邁進しよう。**国に頼らず、期待せず、独立独歩で生きていこう**と決意したのだ。

デジパ再生のコンセプトも、そこから立脚するべきだし、私自身の生き方も変えていかなければならないと感じた。

再生に向けたキーワードが頭に浮かんだ。

「**自給自足**」

そして、「**サスティナブルな会社**」(持続可能な会社)。

これまでの私の生き方とは違ったフレーズだが、私の潜在意識にあったキーワードと言えた。

とはいえ、キーワードはふわふわと浮いた状態で、その定義、具体的になにをするべきかは、まったく見えていなかった。

そこで私は、キーワードをネット検索にかけてみた。

表示されたもののうち、気になる内容を目で追っていく。

思わず引き込まれたのは、サスティナブルを検索にかけたときだった。武田鉄矢主演の映画「降りてゆく生き方」が表示された。

そこには、次のようなコンセプトが掲げられていた。


第二次大戦後、私たちは、ひたすら右肩上がりの経済成長と物質的豊かさ、そして個人的自由を求め続けてきました。そしてその努力は結実し、私たちはかつてないほど、豊かで便利で自由な社会を実現しました。私たちはみな、しあわせになるはずでした。

しかし、そこにあったのは、幸福に満ち溢れた世界ではなく、暗雲が立ち込めるが如く不安に満ちた社会でした。

世界的な金融恐慌、かつてあり得なかった凶悪犯罪や少年犯罪の増加、数々の偽装問題、年間3万人を超える自殺、派遣切り、うつ病の激増、格差社会……現代の日本人の抱える不安は数知れません。

いったい、私たちは、これからどのように生きていったらよいのだろうか？

どうやったら不安から脱し、明るい未来への希望を取り戻せるのだろうか？

そんな現代人の根源的な疑問や不安を問うべく生み出されたのが、

映画「降りてゆく生き方」なのです。

まさに私がモヤモヤとした状態で言語化できずにいたコンセプトであり、強く共鳴するものを感じた。

感覚的に日本はＧＤＰ（国内総生産）で表される経済成長は果たしたけれど、一方で年間３万人もの自殺者がいて、それが年々増えている現状がある。経済成長だけでは、幸せをつかめないという時代にさしかかっているのだと感じていたのだ。

そのときに頭に浮かんだのは、ブータン王国だった。当時はまだ話題になっていなかったが、私にとってはずっと頭の片隅にあった国だ。

ブータン王国はインドと中国の間、ヒマラヤ奥地にある立憲君主国で、世界で唯一チベット仏教を国教とする国家である。

最後の楽園と言われるこの王国が外国人観光客の入国を認めたのは１９７４年のことであり、テレビ報道を認めたのは１９９９年のことである。この王国に世界が注目したのは、先王の発言から生まれた「国民総幸福量（Gross National Happiness,GNH）」の達成を国民全体で目標に掲げている点にある。

諸外国が、国内で生産されたモノやサービスの総額をさす国民総生産（Gross Domestic Product、GDP）を掲げているのと一線を画しているのだ。

実際、人口は２０１２年調べで74・18万人とされているが、そのうち幸せを感じている国民が90％という。

２００6年イギリスのレスター大学の心理学者エードリアン・ホワイト氏が、全世界8万人に聞き取り調査を行った「ＧＮＨランキング」でブータンが8位で日本は90位。当時のＧＤＰランキングでは、日本が2位でブータンが１５2位だった。

残念ながら日本は、国民総幸福量50％と大きく下回っているのだが、私はこの現状に自分自身が目指す方向性のヒントがあるのではないかと感じた。

というのも、これから日本にもＧＮＨを追求する時代が訪れるのではないかと予測したからだ。

国は経済発展追求のみをするのではなく、国民一人ひとりが幸せを感じることのできる社会を目指す。脆弱な社会システムを見直し、国民は一様な価値観、常識にとらわれず、自分にとっての幸せ、多様な人生を追求する。国だけに期待せず、依存せず、自らを変化のエレメントととらえ、信念を持って行動する。それが国民総幸福量を高める結果となり、ひいては未来に向けた持続可能な社会を創造すると考えたのだ。

私は、腹に落ちるキーワードを探し続けた。

根拠はなかったが、バーチャル経済の後には、実経済が来るのではないかとの予感があった。
これからは物、それも食をつくることが重要なコンセプトになると予測したのだ。東京は消費する文化であり、物をつくる文化ではない。これからは地域がキーであり、いまは力を失っている過疎化した地域の再生に大きなポテンシャルがあるのではないかと考え至ったのだ。

別の見方をすれば、リーマンショックというのはグローバリゼーションの最終局面であり、その後に必ずローカライゼーションの波がくるのではないかとの読みもあった。

「自給自足」

このテーマは自分の生き方を模索するうえでもキーとなるテーマに思えた。そこで、日本における自給自足の現状を探る旅に出てみようと考えた。

こうして、週の前半は東京のオフィスで、木曜日からの後半は地域をめぐる生活が始まったのだ。

第2章

新たな生き方を模索する

(田舎は循環している)

パーマカルチャーとの出会い

２００９年の3月から日本全国をまわる旅が始まった。月曜日から水曜日までの３日間に会議やアポイントメントを集中的にこなし、木曜日からは自分の新たな生き方を模索する旅を続けた。

会社のメンバーたちには、「持続可能な会社を目指す」と掲げたものの、その具体的なストーリーは私の中には、いまだなかった。

こうして週の前半と後半で、まったく異なる生活が始まった。

移動時間も多かったが、今までとは違う生活リズムを私は楽しんだ。

もともとヒッピー的な性分を持つ自分にとって、都会と田舎を行き来する生活が肌にあっていることはすぐに実感できた。

訪れる場所をどのように決めたかというと、インターネット検索で気になるキーワードを入れていった。

「自給自足」というキーワードを切り口に検索を始め、「パーマカルチャー」という言葉を見つけた。

パーマカルチャーとは、「パーマネント（永続的な）」＋「アグリカルチャー（農業）」を合成した造語で＋「カルチャー（文化）」の意も含む。1970年代のオーストラリアで、環境問題や農業に取り組んでいたビル・モリソンとデビッド・ホルムグレンが体系化したものだ。

「人間にとって恒久的持続可能な環境をつくり出すためのデザイン体系」とあるが、農業を軸とした持続可能なライフスタイルと分かりやすく言い換えることができるかもしれない。

その根底にあるのは3つの倫理だ。

1　地球に対する配慮

2　人々に対する配慮

3　余剰物を分配する

自然と共生する生き方を心がけ、自分も含めた人々に配慮しながら暮らすこと。地球の限りある資源はみんなで分け合うものとし、生産したもの、時間、エネルギーが余ったら、自分だけで抱え込まずに分配するという考え方である。

調べているうちに私はふと、これは日本の里山文化そのものではないだろうかと感じた。古き良き時代の日本に当たり前のように根づいていた暮らし方である。

また農村で田植え、稲刈り、冠婚葬祭や年中行事における相互扶助の精神をさす「結いの精神」にも通じると感じた。

実際そのとおりのようで、創始者であるビル・モリソンの著書を入手してみると、日本の先達に学ぶべきだ、すべての資源とエネルギーを高度に循環させていた里山文化をお手本にするべきだとの記述がある。

これから日本が目指すべきは日本の先達の暮らしであり、脈々と引き継がれてきた文化なのだ。

この考え方に、私は非常に共感した。

そのうえで惹かれたのは、パーマカルチャーのデザイン性である。

圧倒的にオシャレなのだ。

日本の自給自足にどこか辛いイメージを持っていた私は、パーマカルチャーには若い世代からも圧倒的に支持されるデザイン性を感じたのだ。

パーマカルチャーに強く惹かれた私は、興味を持って検索を続けた。すると、ある人物の名前がヒットした。

臼井健二さんである。

日本における第一人者として、安曇野（あずみの）でパーマカルチャーを実践している人物だった。

玄米自然食を提供するペンション、舎爐夢（シャロム）ヒュッテを経営しながら、農業をベースにした持続可能な暮らしを実践しているのである。

同時に、パーマカルチャースクールと称して、農的暮らしに興味のある人を対象に、半年間にわたって定期開催するワークショップを主催しているという。

舎爐夢ヒュッテのコンセプトには、持続可能な社会、循環のほかに、玄米菜食や化学物質を使わないセルフビルドのペンションなど興味深い言葉が並んでいた。

これからの私自身の生き方のヒントを得られるに違いないと確信した私は、実際に宿泊して、この目で確かめることにしたのだ。

臼井さんは、とにかく強烈な人物だった。

再生の旅に出たこの年は多くの出会いに恵まれたが、その中でも3本の指に入るユニークな人物である。

なんといっても最初のインパクトが大きかった。

現地に到着した私が目にしたのは、ペンションの屋根に登って屋上菜園をつくっている臼井さんの姿だった。

聞けば、ペンションの屋根に畑をつくる実験をしているという。そうすると野菜づくりに有効活用できるだけでなく、夏を涼しく過ごせるというのだ。なるほど、確かにゴーヤカーテンといった実例を考えれば、理にかなった話なのかもしれないと思った。

さらに臼井さんは、到着したばかりの私に仕事を手伝えと言う。そのときの私は畑作業なんてしたこともなかったが、言われるままに2日間手伝ってみた。

臼井さんはもともと登山ガイドで、多くの登山客の世話をしてきたそうだ。それがあるときパーマカルチャーに目覚めたのだという。

それでなにをしたのかといえば、実に破天荒である。ペンションオーナー制度を立ち上げ、ガイドをしていたときに案内した登山客たちに声をかけたというのだ。

もともと臼井さんの人柄に惚れている人たちである。そこに一口1万円でペンションのオーナーになれて、いつでも宿泊できるとあれば資金が集まらないわけがない。あっという間に3000万円の資金が集まり、見事、このペンションをつくるに至ったのだという。

さらに驚くのは、建築の知識はゼロにもかかわらず、仲間と一緒にセルフビルドでペンションを完成させたことだ。

試行錯誤を繰り返して現状に至ったというが、建築の知識がゼロの人間が手がけたものとは思えないほどクオリティが高い。

もともとは小学校で、廃屋となっていたところに森の木を用いて改修したのだが、それがなんとも気持ちがいい。化学物質を使っていないペンションとウェブサイトに書かれていたが、それが人間にとってこれほど自然で、優しく、最上の快適をもたらしてくれるものなのかと感心させられた。

もう一つ感心したことは、パーマカルチャーのテーマである循環の具現化だ。

たとえば、雨水(うすい)を再利用する仕組み。

これも独学で研究を重ねて形にしたというのだが、雨水を濾過(ろか)して、生活に使える水に変えている。

糞尿を堆肥にするのも、循環である。

舎爐夢ヒュッテには、私の想像をはるかに超えた循環型のライフスタイルが広がっていた。

しかし、晴れやかな思いばかりではなかった。

舎爐夢ヒュッテで、私は**恐ろしい日本の現状**を知ったのだ。

同所は無農薬、無化学肥料でつくった玄米菜食を基本としていることはウェブサイトで見て知っていた。しかし、なぜ農薬、化学肥料を使わないことが重要であるかその価値がおぼろげにしか分からなかった。どのようなリスクがあるのか。なんとなく悪いイメージはあるが、想像がおよばずにいたのだ。

そのような状態だったので、臼井さんの話を聞いた私は愕然(がくぜん)とした。

農薬とは、枯葉剤を薄めたものだという。

ご承知のとおり、枯葉剤はベトナム戦争で、アメリカ軍が森林地帯に隠れているゲリラを誘いだすために大量散布したものである。

ダイオキシンを多く含むことで発生する強力な毒性により、がんや白血病、奇形などを誘発したことで知られている。

その枯葉剤を薄めたものが農薬なのだ。病害虫や雑草の効率的な除去を目的に農業で使われているのが現状なのだ。

どうして、このような状況に陥っているのだろう。

かつて日本では農薬や化学肥料は使わずに米や野菜を育てていたが、戦後に施行された農業改革法案によって、効率化という旗印のもとに農薬が広く普及したのだ。

ＧＨＱの指示のもと政府が掲げた一大政策であり、現在では農薬を使っていない米や野菜は、多くの農協が流通させない仕組みまでできている。

化学肥料もまた、国の政策にもとづき導入されている。収穫量を飛躍的に増大させる目的と、農薬を入れた土地では昆虫や微生物が死に絶えるため、彼らの営みによって生まれる土の栄養素の代わりに投入された。

農薬、化学肥料によって生産性がアップし、専業農家の暮らしは安定し、豊かになったように見える。

しかし、そこには大きなリスクが潜んでいた。

農薬については副作用や健康被害が報告されている。農家の子どもたちに、頭痛やめまい、吐き気、集中力の欠落といった症状が散見され、その発現時期が除草剤の散布と重なるのだ。

また後に紹介する赤峰勝人さんによれば、アトピーをはじめとする現代病が発現した時期と、日本で農薬が普及し始めた時期が一致しているというのだ。

化学肥料の悪影響は一見すると分かりにくい。化学肥料で育てた野菜は、大きく立派に育っているかに見えるからだ。しかし、それは細胞の一つひとつが膨張しているだけで、栄養価が高まっているわけではない。

むしろ細胞は死に絶え、命のない野菜と化していて、味的に劣るだけでなく、どれだけ食べても身体に良い作用をもたらしてはくれないのだ。

さらに、自然環境に与える負荷も無視できない。

化学肥料が過剰に投入されると残余分が雨水で河川や地下水に流れ込んでしまうのだが、海や湖でプランクトンが異常に繁殖する赤潮と呼ばれる現象の原因にもなっている。赤潮によって魚や藻類が窒息死し、生態系を狂わせている。もちろん、漁業や養殖現場への被害も軽視できない。

臼井さんの話で、食に対する価値観が大きく変わった。それまでもインスタント食品は食べないし、旬の食材を置くお店で食事することに喜びを感じていたが、口にする食材の生産方法まで意識したことはなかった。農業の現場で何が起こっているか、まったく知らずにいたのだから、当然といえば当然なのだが、実に恐ろしい現実を知ってしまったことで価値観が大きく変わったのだ。

舎爐夢ヒュッテでは、こうした背景から無農薬、無化学肥料で米や野菜をつくることにこだわり、その安心できる安全な食材でつくった食事を提供している。その農法は独学で修得したのだという。臼井さんはあるべき姿を掲げて邁進した結果、今ではワークショップを通じて多くの人に伝えているのだ。パーマカルチャーの先駆者と支持される所以（ゆえん）は、ここにある。

また舎爐夢ヒュッテでは、もう一つ先進的な取り組みをしていた。

海外ではポピュラーなＷＷＯＯＦ（ウーフ）（Willing Workers On Organic Farms：有機農場で働きたい人の意）と呼ばれるＮＧＯがある。

農業体験と交流のＮＧＯである。農家が宿と食事と引き換えに、農業を手伝う人を招く仕組みを提供している。

臼井さんは、このウーフを舎爐夢ヒュッテに取り入れているのだ。

米や野菜づくりを手伝う人、食事をつくる人、施設の掃除を行う人、彼らの多くがウーフであり、長期にわたって滞在しながら就業している。

もともとはＯＬだった人や大学生などが日本全国から訪れているが、中には私と同じく、これまでの生き方に疑問を覚えて、新しい生き方を探してたどり着いた人も少なくない。

また、噂は海外にも伝わっていて、外国人のスタッフも珍しくない。バックパッカーが旅の途中で立ち寄り、パーマカルチャーの実践を体験して再び旅立っていく。長野の奥地にありながら、都会にもまさる活発な国際交流が行われているのだ。

さらに臼井さんを支持する人たちが草の根的に活動し、安曇野という地域がパーマカルチャーをはじめとする新しいカルチャーを根づかせようとする気運にあふれている。子どもたちの給食に無農薬、無化学肥料の野菜を使用する取り組みも、その一つと言えるだろう。

この取り組みは安心、安全という観点で素晴らしいと感じるのはもちろんだが、私はそれ以上に、子どものうちから本物の味を知ることの素晴らしさを感じる。

というのも、舎爐夢ヒュッテでは、手間とヒマを惜しまずに丹精こめて育てた素材をフレンチベースのフルコースで提供している。

朝食には、手づくりの石釜で焼いた天然酵母のパンも並び、そのどれもが非常に美味しく、野菜だけ食べているとは思えないほどの満足感を覚えた。

もともと食に対するこだわりが強かったが、そんな私が都内で食べてきたものと比較しても格段に美味しい。

安曇野の野菜は昼夜の寒暖の差によって甘みが増すことで知られているが、さらに農薬、化学肥料を使っていないためにエネルギー量が多いように感じた。一つひとつの食材が生きているというか、生命をいただいている実感があるのだ。

こうした食の体験を子どもの頃から重ねていれば、健康に良いのはもちろん、感性や感受性にも良い作用があるのではないかと感じる。

安曇野を訪れて、私が受けたカルチャーショックは大きかった。

安曇野で起きている新しいムーブメント

安曇野ではパーマカルチャーをはじめ、新しい文化を定着させる草の根的な活動が盛んと先に述べたが、食のほかに教育や医療に対しても意識が高い移住者が多かった。

たとえば教育に関しては、欧米を中心にムーブメントが巻き起こったモンテッソーリメソッド、シュタイナー教育など「教えない教育」を信奉する人が多い。

20世紀初頭に生まれたこのメソッドは、医師として精神病院で働いていたマリア・モンテッソーリが、知的障害児や貧困層の子どもたちの知的水準を上げるために考案したものだ。

特徴は感覚教育とともに、子どもが持っている自発性を尊重することに重きをおいている点にある。子どもの知的好奇心が自発的に現れる自由な環境を提供し、指導する教師は教室や教具と同じく、その自由な環境を担う存在で、子どもたちをよく観察し、その欲求に沿って教育を提供する。

そして子どもたちが集中しているときは、それを妨げず、自発性を待つことで集中力を高めていくことを重視している。

このメソッドを実際に体験した著名人にはアンネ・フランク、経営学の父と言われるピーター・ドラッカー、Amazon.comの創立者ジェフ・ベゾス、Googleの共同創立者サーゲイ・ブリンとラリー・ペイジ、それにイギリス王室のウィリアム王子とヘンリー王子などがいるが、なかには現在の自分があるのは、モンテッソーリ教育の賜物(たまもの)とであると公言してはばからない人もいる。知的水準の高さや独創性がメソッドによって引き出されたと語るのだ。

もうひとつのシュタイナー教育とは、１９１９年にドイツの哲学者ルドルフ・シュタイナーが考案した教育法である。前提として、人間は４つの構成で形づくられると考えている。4つとは、物質体（0歳に生まれる）、生命体（7歳ごろに生まれる）、感情体（14歳ごろに生まれる）、自我（21歳ごろに生まれる）。この7年の周期にのっとって、その時期に合わせた教育を目指すというのだ。つまり0歳から7歳までは体をつくる時期とし、しっかり体をつくるように導く。7歳から14歳までは芸術的な刺激を与えることで豊かな感情を育む。このとき、純粋に感情体験を追求するようにする。将来的には思考は必要だが、芸術を感情体験だけにフォーカスして体験させるといった具合に、その時期に合わせた接し方をする。最終的には意志、感情、思考を順番どおりに身につけ、バランスがとれた人＝自由を獲得した人間へと導くことに主眼を置いている。

自由とは放任ではなく、世の中の動向に左右されない、自分で感じ、考え、それを実行できる状態をさす。

舎爐夢ヒュッテの敷地内にも、シュタイナー教育を取り入れた保育園「森の子」があり、足を運んだ。自然が園舎で「教えない教育」である。自然の中で、いろいろな動植物に触れて、それぞれの良さや違いを認め合いながら、生きる力の強い子どもを育てることを目的としている。私が見学したときは、外で大工のプログラムと称して段ボールで家をつくっていたが、その方法を先生が指導することはないのだ。

この教育法が彷彿とさせるのは、最近、経営者が話題にするネッツトヨタ南国の横田英毅氏の経営戦略である。リーマンショック直後の自動車ディーラー業界で唯一業績を上げた経営者が実践していたのが教えないマネジメント、マニュアルをつくらない営業戦略なのだ。横田氏は2002年日本経営品質賞を受賞し、『日本でいちばん大切にしたい会社2』（坂本光司著、あさ出版）でも紹介されている。私も、講演会を聞きに行ったのだが、以下のような内容だった。

徹底的にＥＳ（従業員満足）を上げる経営を行ってきた。人材育成のコツは、徹底的に本人にゆだねることで、指示、命令、教えることは一切しない。

本人がやる気になり、自ら考え、悩み、気づき、自らを高めることをひたすら待つ。

短期的には利益が出ないが、長期的には骨の太い会社ができあがる。

これは、シュタイナー教育に通じるリーダーシップに思えたのだ。

しかし日本ほど規制の厳しい国はなく、シュタイナー教育やオルタナティブな教育は文部科学省の認可が基本的に下りない。

認可が下りないので、補助もなくフリースクールという扱いである。

戦後に文部省の主導によって実践されてきたのは、生産性の高い人材を多く輩出することを第一優先とした教育モデルである。自発性どころか、個性にまで蓋をすることで、潜在的な能力を潰しているように思えてならない。

今、必要とされるのは、多様性を認めて自ら考えて自ら行動を起こす自主性である。

新社会人を見て感じるのは、自ら判断することのできない人が多いこと、自分がなにをやりたいかが分からない人が多いことである。

これは幼少期に禁止事項が多すぎて、遊びが少なかった弊害ではなかろうかと私は考える。

食、教育のほか、医療においても安曇野では薬に頼らない、自然治癒力をベースにしたホリスティック医学やアーユルヴェーダ、漢方、呼吸法などで健康を維持する取り組みをする人が多い。

たとえば日本で最高のホリスティックリトリート施設として知られる、穂高養生園がその代表的な存在だ。

穂高養生園とは、「体に優しい玄米菜食の食事・ヨーガや散歩などの適度な運動・心身の深いリラックス」の3つのアプローチにより、誰にでも本来そなわっている自然治癒力を高めることを目的とした宿泊施設である。

穂高の豊かな自然の中で、自分自身をケアする特別な時間を過ごすことができる。

代表である福田俊作さんはこう語る。

「人は、誰にでも自分を癒やし、治す力が備わっています。私は自然療法を行う国内外の病院、センター等を視察し、医師や治療家との交流を通じて、自然治癒力こそが治癒のキーポイントであると考えました。

偏った食事や運動不足、ストレスや疲労は病気の原因にもなりますが、これらのマイナス要因をプラスに転化させると、自らの治癒力を高めることになります。

養生園では、『食事・運動・休養』という総合的な観点から、体調を改善するためのさまざまなプログラムを提供し、より健康になっていただくことを目指しています。

私たちは身体という〝自然〟から、病いや痛みを通じ、心身と生活について深く考える機会を与えられていると思います。

そんな想いから、穂高養生園を始めました。

人間の心と身体には、すばらしい知恵と治癒力が宿っていると考えています」

副作用というリスクと隣り合わせの、薬に頼る西洋医学の対極にあるといえるだろう。

私が訪れたときには、女性を中心に一人で宿泊に来ている人がほとんどだった。そして、何度も足を運んでいる人ばかりだった。

多くの人が、リフレッシュを求めて定期的に利用しているのだという。命の洗濯場、といった感じのようだ。

実際に利用してみて、私にもその感覚がよく理解できた。

なんといっても、食事が美味しい。食べるだけで心身ともにリフレッシュできるというか、ピュアになっていく感覚を覚えるのだ。

自然治癒力を引き出す食事というから、薬膳料理のような味気ないものを想像していたのだが、非常に満足度の高い食事だった。

スタッフが丹精こめてつくった米と野菜を使ったマクロビオティックをベースにした2回の食事が基本なのだが、味はもちろん、見た目にも美しい料理の数々に目を奪われる。

宿泊客のリクエストでレシピ本が販売されているのも納得できる。

施設のクオリティにも驚かされる。というのも、舎爐夢ヒュッテと同じくセルフビルドでつくられたからだ。場の空気が心地よいのは、天然住宅の特徴なのだろう。

食事のほかには運動・リラクゼーション法の一環として、朝の散歩やヨーガなどのプログラム、天然温泉、森林浴、セラピーなどを取り入れている。

深いリラックスで身体と心の芯からケアし、自然治癒力の向上を図る考え方だ。

私の周りにいる友人セラピストの多くが傾倒していて、何度も足を運んでいるのも納得である。

かくいう私もいまだに1年に一度くらい、ぶらりと訪れる。それほど力を得られる場なのだ。

安曇野地球宿

舎爐夢ヒュッテや穂高養生園に滞在したことで安曇野に魅了された私は、東京と安曇野の二拠点居住を意識し始めた。

毎週、安曇野を訪れ居住先を検討しはじめたのだ。

その中で改めて感じたのは、リーマンショックを機に人生を見直そうと考える人の多さである。

私と同じ思いを抱えている人が本当に多かったのだ。

舎爐夢ヒュッテで行われたパーマカルチャースクールは半年間にわたるものだが、約20

名が集まり、多くの人が昼夜に新しいライフスタイルについて語っていた。

日本全国から集まってきていて、夫婦もいれば、単身者もいる。経営者もいれば、無職の人もいた。

年齢的には30代、40代が多いように感じた。

現状の社会システムに疑問を感じ、新しい価値観、生き方を模索している人たちだった。

彼らと話すことで、東京と安曇野の二拠点居住に対するイメージがより鮮明になった私は、安曇野研究と称していろいろな場所に足を向けてみることにした。

まず舎爐夢ヒュッテや穂高養生園がキーポイントとなり、そこで出会った人から情報を得て、安曇野のキーパーソンを訪問することにした。

このとき、玄関に置かれているフライヤーが役に立った。

フライヤーで告知されている場やワークショップに参加して、人の数珠つなぎを始めた。

その中には、ヨーガやアーユルヴェーダなどのワークショップが多くあった。

そうした中で出会い、非常に貴重な体験ができたと感じるのが、「地球宿」だ。

増田望三郎さんとそのご家族が運営する、農あるライフスタイルを実践する出会いと体験の宿である。

望三郎さんはもとは東京の町田で暮らしていたが、生産のある暮らしをおくり、その中で子育てがしたくて移住したと話してくれた。

私と同じく、消費一辺倒の東京暮らしに疑問を感じたのだという。便利なようで、とても味気ないものだったという言葉が印象的だった。

地球宿の構想は移住当初からあったが、いきなり宿を営むのは難しいと判断し、まずは会社勤めで生計を立てたとか。その間に宿の構想やコンセプトを明確に描き、それを語ることで共感、応援してくれる仲間を増やしていったのだ。

それから3年。

一人暮らしをしていたおばあさんが亡くなった後の空き家を紹介されて、仲間と一緒に大改修し、地球宿を完成させたのだという。

地球宿に泊まってみて、そのユニークさに私はすっかりファンになってしまった。

ゲストは1組に6畳の部屋を与えられるが、襖や障子で仕切られているだけで、隣の部屋の様子が伝わってくる。

そう、**プライベートはゼロに近い**のだ。

普通の宿泊施設を想像していると、驚くだろう。しかし決して不快な感じはなく、まるで大家族のような安心感、心地よさがあった。

そんな場の空気を、望三郎さんの人柄がつくりあげているのだ。

食事は、ゲストが揃って食卓を囲む形で食べる。私のほかはほとんどがリピーターだったが、初対面の人たちがほとんど。しかし、それを忘れるほどの和やかな場だった。

私が一緒になったゲストには、国家試験の資格試験の勉強をかねて長期滞在している女性や旅の途中のオランダ人家族がいた。初めて会ったのに、本物の家族のように語り合えた素晴らしい時間だった。

望三郎さんの願いどおり、国籍や思想・信仰を超えた人々が集い、夢を語り、英気を養って、それぞれの人生に帰っていく場ができあがっているのだ。

そして印象的だったのは、地球宿に感じられる豊かさだった。決して華美な生活ではないが、そこには**豊かさから生まれる安心感**が横たわっていた。

その豊かさは何から感じられるのだろうと考えをめぐらした私は、一つの答えに至った。

それは間違いなく、そこに農とコミュニティがあるからだろうと思い至ったのだ。

消費するだけの東京の暮らしでは得られない豊かさがそこにあり、その確かな安心感が見えない力となって、その場に集まった人々の心を開き、家族のような信頼関係で結びつけているように私には思えた。

実際、望三郎さんもこう語っていた。

自分たちで農を営んでいなければ、たんに生活の場所を変えただけでしかない。今と同じく地球宿を営んだところで、東京の暮らしとなんら違わなかったと語ってくれたのだ。

農という、自分たちで生産することをベースにしているからこそ意味がある。

望三郎さんの言葉からは、迷いを抜けて、確かな生き方を見い出した人だけが語ることのできる哲学が感じられた。

この地球宿で得た感覚。そして舎爐夢ヒュッテや穂高養生園に宿泊して得た感覚を通じて、私の中で「農とコミュニティ」というテーマが確固としたものとなった。

言葉だけ独り歩きしていたテーマが、ようやく腹に落ちた感覚があったのだ。

安曇野で畑を借りる

安曇野通いを始めた私は、畑を借りようと地球宿の望三郎さんに相談すると、竹内孝功さんを紹介してくれた。

竹内さんは、移住者で自給自足を実践しながら無農薬・家庭菜園教室、採れた野菜を食べることができるワンデーカフェを営んでいた。また、『わら一本の革命』の著者である福岡正信さんとも親交があり、まさに無農薬栽培の王道を歩んでいた。そんな竹内さんから畑を貸してもらうことになった。

その年にトライした夏野菜は、トマト、枝豆、きゅうり、かぼちゃ、なす。

季節は6月。野菜づくりの合間に自然を見渡せば、安曇野のシンボル常念岳をはじめ、北アルプスの山々の美しさに目を奪われる。空気や水は、東京とは比べものにならないほど美味しい。

父親としてこの景色や空気を味わってほしくて、当時幼稚園に通っていた息子も安曇野に連れていった。

しかし野菜づくりは思いのほか大変で、次第に余裕がなくなった私は、息子を地球宿に預けっぱなしになってしまった。息子にしてみれば迷惑な話である。同じタイミングで宿泊したゲストが相手をしてくれることもあったが、自分と同じ年頃の子どもがいることは珍しく、基本的に一人遊びを強いられていた。さらに息子にそれほどの我慢を強いたにもかかわらずに、初めての畑は大失敗だったのだ。

収穫できたのは、枝豆とミニトマトが少しずつ。たったそれだけ。完全に失敗だった。

敗因は、簡単に言えば草負けである。

除草が間に合わなかったのだ。夏場の草の成長スピードには恐ろしいものがある。2週間に1回ペースの農作業では、とても追いつける速さではない。行くたびに、ひたすら草むしりという状態になる。しかも1日に何時間費やしても、まったく追いつくことができないのだ。

週末に訪れると、自分の畑は草がぼうぼうで作物が見えない。ようし、と腕まくりで始めてみても、夕方にようやく作物が見える状態。

夏の草とは、それほどに力強いものである。

実際、この後に着手する南房総のＮＰＯ法人あわ地球村では、地元の人の露はらいを前提にビジネスモデルを考案したのだが、それはこのときの失敗が活きているのである。

二拠点居住を実現するには、完全移住とはまったく違う考え方、仕組みが必要である。そこには地元の人とのネットワークやコミュニティが欠かせないことを、身をもって経験したことが、あわ地球村のコンセプトを考えるうえで大いに活きたのだ。

開かれたコミュニティに若者が集まる

沖縄のビーチロックビレッジで出会った若者たちの姿に時代の流れを感じた。

ビーチロックビレッジは、自称自由人として世界中を旅しながら、実業家と随筆家の顔を持つ高橋歩さんが２００６年に設立したナチュラルロックビレッジである。

美しい海を臨む沖縄の今帰仁（なきじん）村に、１万坪ほど山を切り拓いてリゾートをつくっているのだ。

すべてセルフビルド。宿泊施設やレストラン、バーはティピといって、モンゴルの大きな三角形のテントでできているのがユニークである。

ここでも舎爐夢ヒュッテと同じく、農業体験と交流のNGOであるウーフの仕組みを取り入れていて、宿泊場所と食事を得る代わりに無給で働くボランティアスタッフが運営にあたっている。

農業とキッチンで担当がわかれ、そのほかオプションで提供しているカヌーのインストラクターなども彼らが無給で担っているのだ。

ゲストが泊まるのはティピ。私が泊まったときはオフシーズンだったこともあり、お客は10名ほどだった。それに対し、スタッフは50名ほどもいたのには驚いた。ゲストの数よりボランティアスタッフのほうが多いのだ。

そして夜になると、ゲストとスタッフが一緒になって酒を飲む。ステージがあって、誰からともなく音楽を奏で、踊りだす。野外ライブの始まりである。

ここでは、毎晩がこんな感じである。

ボランティアスタッフは20代が多いのだが、会社を辞めてジョインした若者が大半で、旅の途中でボランティアスタッフに応募した人もいた。

彼らは、いったいなにを求めて滞在しているのか。その先に、どのような未来を見据えているのか。彼らの価値観が知りたくて訊ねてみると「ここには、必要なものはぜんぶありますよ。食料を自給して、寝るところがあって、泡盛があり、歌も踊りもある。それで充分。ほかに何がいりますか？」と返された。

なるほど、と私は納得した。

成熟社会に入り、物質的にも情報的にも恵まれている若者たちのビビッドな感覚なのだ。そして、ふと懐かしい感覚を覚えた。ロックビレッジの若者たちは、まるで昔の自分のようだと感じたのだ。ヒッピー的に世界を旅していた頃の自分である。

ここにいる若者はエネルギーがみなぎっていた。

生きるとはシンプルなものなのだと、改めて感じた。

師匠となる赤峰勝人さんとの出会い

自分の再生のために日本中を旅していた中で、何度も耳にした人物の名前が浮かんだ。

赤峰勝人さんである。

完全無農薬、無化学肥料で米や野菜をつくっている人物であり、安曇野をはじめ多くの農家がこの人の影響を受けている。

沖縄ですら赤峰ファンが存在しており、仙人のような人だと噂される。

大分に行って赤峰さんを訪ねてみよう。

思い立ったらすぐに行動する性分である。私は赤峰さんの著書『にんじんから宇宙へ』を熟読して、2009年8月に百姓塾に参加した。

そもそも私が最初に赤峰さんの名前を耳にしたのは、奈良県で自然食レストランを経営している友人の川埜公子さんからだった。リーマンショック前で、農業に興味がなかった時分の話である。

「すごい人がいる。桐ちゃんも、いつか会ってごらん」と彼女が熱っぽく語ってくれたのは、赤峰さんが無農薬、無化学肥料の農法を確立していること。さらに現代病の多くは、薬や化学肥料で生命を失いつつある農と時代の弊害であると提唱し、アトピーを根本から断つ治療法を確立しているといった話である。

しかし当時は自分が農を始めるとは予想もしていなかったため、さほど興味を持てず、聞き流していた。それが今、つながったのだ。

彼女の話を聞いていた素地があったからこそ、各地でなにかにつけて語られる赤峰さんの名前が耳に残っていたのだと思う。

大分県臼杵(うすき)市に住む赤峰さんは世の中から農薬と化学肥料をなくすこと、一人でも多くの人が本物の食べ物をつくれるようになることを目指し、百姓塾を開催していた。

憧れの赤峰さんを前にした瞬間、意外さに目を疑ってしまった。

仙人のような人物を想像していたのだが、見事に肩すかしをくらったのだ。

師匠には失礼なのだが、言葉を選ばずに言えば、酒好きの気さくな親父さんである。

夜の宴席で私が訪ねた理由を語ると、しきりと私の体格を褒めながら、どんどん酒をついでくれる。

これには面食らいながらも、すっかり緊張がとけた私は言われるがまま杯を傾けた。

まったくの素人だけれど、農あるコミュニティをつくりたい。無農薬、無化学肥料の重要性は聞きかじりの知識で知っている程度だけれど、赤峰さんの「循環農法」を修得したいと語ったのだ。

赤峰さんは、「**お前みたいに体格が良ければ、なんだってできる**」と笑い飛ばしながらも、本気で向き合ってくれているのが分かった。

農業界では偉大な人にもかかわらず、そんな素振りは一切見せなかった。

謙虚な懐の大きな人物だったのだ。

赤峰さんは、自分のことも語ってくれた。

百姓の家庭に生まれ、父が農具で腕を切断されたのをきっかけに田畑を受け継ぎ、それ以来、ずっと百姓として生きていること。

最初は農薬も化学肥料も使っていた。けれど土が死に絶え、最終的に作物がとれなくなる事実を目の当たりにして、無農薬、無化学肥料の大切さに目覚めたこと。

さらにある日、ニンジンの間引きをしているときに、すべてのものは宇宙のもとに循環していると悟り、一般的とされる農法は生命の循環を断つ行為であり、このままいけば人類も地球も滅びてしまうことに思い至った。それから大自然の生命をとりもどす循環農業を試行錯誤のうえ確立させたこと。

息子を事故で失った経験から酒浸りの生活をしている中で命の危機に直面し、臨死体験をしたのをきっかけに、自らの農法を世の中に広めることが天命であると悟ったことなどを語ってくれた。

赤峰さんの話は衝撃的だった。

農薬は枯れ葉剤を薄めたものであることは知っていたが、その恐怖を実体験で知っている人の話にはすごみがある。知識として知っているのと、体験として知っているのとでは大違いなのだ。

赤峰さんによれば、稲刈りが終わり、その実を蒔けば翌年にはまた稲が育つはずなのに、化学肥料を使った場合は育たないという。

畑も同じで、収穫された作物ははちきれんばかりに見事だけど、それは細胞が膨張しているだけで生命は途絶えている。

そして25年もすれば完全に土が痩せ、なにを蒔いても育たなくなるというのだ。

そして先にも述べたが、赤峰さんはアトピーが発現した時期は、ＧＨＱの指導で農薬が普及した頃と時期を同じくしていると話してくれた。

気づきのきっかけとなったのは、顔がアトピーで膿んだ状態の女性との出会いだったという。

彼女を治したいと強く感じた赤峰さんは、食事に原因があるのではないかと推測し、すべての食事を書き留めて分析したのだ。

メーカーから生産地、肥料になにを使っているかを細かく調査したのだ。

しかも彼女一人だけでなく、ほかのアトピー患者のデータを収集し、どこに原因があるかを追究したのだ。

すると、一定の法則が見えてきた。

同じアトピーでも発症している部分によって原因が違うことや、卵にアレルギーがある人でも餌に化学肥料を与えていない鶏の卵であればアレルギー反応を起こさないといったことが分かってきたのだ。アトピーの場所に関しては、首が小麦、鼻がさつまいも、頭が果物など、原因の相関関係を見つけた。

その事実に気づいた赤峰さんは食事によって現代病は根絶できると考え、無農薬、無化学肥料でつくった玄米と野菜の食事をベースにした療法を提唱しているのだ。

私は無農薬、無化学肥料の米や野菜づくりというキーワードで赤峰さんにたどり着いたが、それ以上にアトピーの治療における権威であり、多くの人の人生を変えてきた人物でもあった。

しかし、赤峰さんは「自分はただの百姓だ」と一貫した姿勢を貫いている。そして人間も大きな宇宙の要素として、自然に配慮した循環型の農を広めていくことこそが天命なのだと繰り返した。

赤峰さんとの出会いは、私に多くの気づきをもたらしてくれた。

そうした中で改めて憤りを感じたのが、国の姿勢である。

農薬や化学肥料が、地球や人に与える害を知っていながら容認していることだ。

そこには、アメリカとの関係性が透けて見える。化学肥料の多くはアメリカからの輸入だからだ。

ＴＰＰ（TRANS PACIFIC PARTNERSHIP：環太平洋戦略的経済連携協定）の交渉を見ていても分かることだ。ＴＰＰは、環太平洋地域の国々による経済の自由化を目的とした多角的な経済連携協定である。問題は農業や医療と言われがちだが、恐ろしいのは付随するＩＳＤ条項（国際紛争条例）である。これは国家と投資家との紛争を解決するという条項なのだが、外国企業が投資先の国の対応によって損害を受けたときに、国連の仲裁機関を通じてその国を訴えることを可能にするものだ。これによりカナダなどは、環境保護のために禁止していたオイルを輸入せざるを得なくなったケースもある。

また、今の日本では遺伝子組み換えの食品に関しては表示義務があるが、遺伝子組み換え作物はアメリカが今後力を入れていく産業品目である。なのでＴＰＰが決まれば、表示義務も崩されていく可能性があるのだ。

アメリカは日本を最も緊密な同盟国の一つと言うが、なにをもっての同盟国なのかという疑問を禁じ得ない。

さらにこれは後に調べて分かったことだが、日本の食品規制法は先進国でも基準が甘いことで知られている。

たとえば国産大豆使用という表示だが、１００％国産大豆を使わずとも国産と表記していいことをご存知だろうか。

そもそも日本は大豆の93％を輸入（平成23年度）でまかなっている。さすれば、あれほど多くの国産豆腐や納豆が安価で出回るはずがないのだ。

50年後、日本はどうなっているのか？

子どもたちに美しい日本はのこせるのか。赤峰さんに出会ってますます、一人ひとりが変化を起こすべき時代であると痛感した。

赤峰さんは、それを実践している人である。いまでこそ支持者も多いが、かつては孤軍奮闘の闘いだった。

この出会いの後、私は三泊四日の大分詣でを3度ほど重ねた。

さらに、関東地区で行われる赤峰さんの講演会にも通った。まさに追っかけである。

行く先々に現れ、講義のあとの質問タイムでは用意していた数々の質問をあびせる私に赤峰さんも、「あんたも忙しいだろうから、電話をかけてきたらいい。分からないことがあれば、いつでもかけなさい」と電話番号を教えてくれたのだ。

それでも私は、定期的に赤峰さんに会いに行く。

「3年かけて師を探せ」という言葉があるが、まさに私は師を得た。

もう一つ、私が赤峰さんに傾倒した理由がある。

たくさんの名を残した農業人がいるのだが、著書を読んでも、多くが哲学的で各論までを残している人物は稀である。

だが、赤峰さんは持論を著書『循環農法』（なずなワールド出版）に、自分が実践で得た各論を惜しみなく書き残している。

つまり、マネることが可能なのだ。

それは、後に自分が実践してみて間違いはなかった。

素人の私でも『循環農法』に沿って実践すれば1年目から無農薬、無化学肥料で米が一反（300坪）あたり8俵（480キログラム）が収穫できたのだ。

鴨川自然王国に行く

赤峰さんの循環農法を実践しようと心に決めた私だったが、まだ問題が残っていた。肝心の移住先が決まっていなかったのだ。

安曇野に心を動かされる一方で、そのほかの地域にも関心が向いていた。たとえば山梨、長野、沖縄、伊豆といった地域である。

東京との二拠点居住という観点では距離的に難しい土地もあったが、純粋に惹かれるものがあったのだ。

また私はこのとき二拠点居住のほかに、もう一つ温めている構想があった。

里山を一つ買い取って、国に頼らない独立国家をつくりたいという構想である。

国に対する不信感を強めていた私には、この手で理想郷をつくりたいとの思いがあったのである。

米が育つのが限界と言われている標高800メートル、その範囲内で田んぼや畑に加え、宿泊施設などを擁する独立国家を、地域の人と共働しながら運営したいと考えていた。

あるとき、まさに理想と言える土地があったのが白州だった。

山梨県北杜市にある町で、そこを流れる尾白川は名水百選に選定されているほど、豊かな自然に恵まれた土地である。サントリーのシングルモルトウィスキー白州の蒸留所がある地といえば、酒好きの人には話が早いかもしれない。

売り出されていた里山は800万円、南側斜面に宅地があり北側に山を背負っている。まさに理想の地形で私は即決する勢いだった。

ところが、予想もしていなかった壁とぶつかったのだ。

たまたま東京から移住したという人と話す機会があったのだが、その集落は20年暮らしても回覧板がまわってこないというのだ。

よそ者を受け入れる文化がないのである。

安曇野のオープンな土地柄を基準に考えていた私は、この事実に衝撃を受けた。いま思えば、むしろ安曇野が特殊なケースで、田舎の多くがよそ者を受け入れるのに時間を要することは理解しているが、このときは思い描いた理想像がガラガラと崩れていくような衝撃を受けた。

独立国家には、その土地に昔から住まう人々との交流が欠かせないと考えていた。どれだけ理想の土地があっても、コミュニティが築けないとあればそこに根をはることはできないからだ。

理想的な里山を目の前にしながら諦める悔しさは言葉にはできないものがあった。

白州を諦めた私が足を運んだのは、千葉県鴨川だった。

安曇野や鴨川には最先端の考え方がある。ここから新しい文化が生まれていく。

そんな予感があった。

ただ私が言う最先端とは、一般的な意味合いとは少し異なる。

次の文化に対して模索しようとしている人たちがいる場所が私にとっての最先端の地で、安曇野や鴨川にそれを感じたのだ。

国の基準を疑い、安心で安全な食を追求する意識もそのひとつである。

ケミカルに頼る西洋医学ではなく、人間が持っている自然治癒力に着目するホリスティック医療や教育もそうである。

先にも述べたが、私は日本の画一的な教育に対し警鐘を鳴らしたいという思いがある。

日本の教育は工場で子どもを育てているような印象を持っているのだ。従順な組織人をつくるには適しているかもしれないが、一人ひとりの個性を活かし、クリエイティブな発想を引き出すうえでは前時代的と感じる。

それに対し安曇野や鴨川では、もっと自由な発想で子どもを育てる教育を追求している人が多い。教育を受ける側の地域住民の人たちも意識が非常に高いのだ。子どもの教育を人任せにしてはならない。機会を見つけては、熱心に語る人が多いのが印象的だ。

日本の教育は不自然と感じていた私は、そうした姿勢にも共感したのだ。

しかしなによりも鴨川を訪れたいと考えていた最大の理由は、藤本敏夫さんが設立した鴨川自然王国にある。

68年の反帝全学連委員長として学生運動をリードした責任を問われて投獄され、その間に歌手の加藤登紀子さんと獄中結婚したことでも知られる藤本敏夫さん。彼が遺した「農ある生活をしなければ国家は滅びる」という言葉に感銘を受けたのだ。

藤本さんはすでに亡くなっているが、鴨川自然王国には、いまなお彼の教えが生きているというので、それを肌で感じてみたいと思った。

農ある生活を支援するための二泊三日の帰農塾という活動があるというので、私はこの年の9月に参加を決めた。

プログラムは、藤本さんの影響で鴨川に移住してきたジャーナリストの高野孟さんや有識者による「農ある生活の重要性」をテーマにした講演に始まり、農業体験として田植えのほかに、鶏のさばき方などの実地研修が行われた。

そのほかに移住者の家をまわるツアーというものがあったのだが、多様な暮らしに触れることができ、二拠点居住のリアルなイメージが持てたのは大きな収穫だった。

4つの家庭の暮らしぶりを見学させてもらったのだが、その中でもインパクトが強かったのは、大山千枚田近くに住んでいた菅間くんと真由美ちゃんカップルだ。

屋号は、Love & Rice。

いちばん大事なものは、「愛」と「米」。

廃車になったバスを仮住居に、ドラム缶風呂、コンポストトイレをつくり、棚田3枚を使って米づくりをやりながら、カフェと家の建設中だった。

住む場所を探して日本を旅していたら、鴨川の大山千枚田近くの棚田風景をひと目見て気に入り、廃車になったバスをもらい受けて、そこを住居に移住してきたという。

私は、廃車のバスの内装を取っ払って住居にするという発想の豊かさにド肝を抜かれた。

そして彼らの暮らしにあこがれて20代、30代の若者が集まっていたのも印象的で、なによりも暮らしをエンジョイしていた。

ほかにも農をしながら麻の服のオリジナルブランドを立ち上げている人、米をつくりながら元メカニックだった技能を活かして壊れた農機具の修理・レンタル業をしている人、ヨーガのインストラクターをしている人など、実に暮らし方が多様だった。

地域通貨「awaマネー」

鴨川での出会いの中でも、林良樹さんとの出会いは大きかった。

彼は半農半デザイナーで、その生き方をまとめた著書でも知られる人物だ。

鴨川に移住したのが7年前。築150〜200年の古民家をボロボロの状態から改修して暮らしている。

鴨川自然王国に移住する前はなにをしていたかというと、10代後半から20代後半に自分探しで世界を巡った。自然農を実践するイタリアの農夫に衝撃を受けて日本へ帰国し、農村を回ったすえに鴨川にたどり着いたそうだ。私の人生と共鳴する部分がなんと多いことかと驚いた。

さらに興味深かったのが、彼が**地域通貨を立ち上げていた**ことだ。作物の地産地消と同じ考え方で、お金も地域で循環しなければならない。でなければ、その地域が疲弊するというロジックのもと、この地域だけで使える通貨を発行しているのだ。

確かに江戸時代は、お金は一つではなかった。藩ごとに通貨が違っていたと聞く。それがひとつになったことで、多くの弊害が生まれている。

たとえば銀座の並木通りは個人商店が並んでいたが、いまは大手資本の会社ばかりで利益が地元に循環していない。

あらゆる地方に大手スーパーマーケットの勢力が伸びているのも同じことが言えるだろう。そしてグローバリゼーションが加速するほどこの傾向は強くなり、利益はその地にとどまることなく、より投資効率の高い国を目指して逃げていく。

そうした現状に警鐘を鳴らし、国に頼らず自分たちの手で解決策を見い出す活動が、地域通貨の立ち上げである。地域で稼いだ利益は地域に落とす、地域で循環させるという考え方のもと、独自の通貨を立ち上げているのだ。

そのときは知らなかったことだが、この取り組みは鴨川に限ったものではない。日本全国に草の根的に広がっている活動なのだ。さらに世界に目を向けると、日本と比べられないほど根づいているのが分かる。

イギリス・ブリストルの市長が自らの給料をすべて地域通貨で得ていたり、ブラジルの多くの地方銀行が地域通貨を扱っていたり、といった事例が生まれているのだ。

無力化する政府に依存しないという強い意志のもと、地域ごとに自立した経済活動が営まれているのだ。

林さんの立ち上げた地域通貨に話を戻そう。

「ａｗａマネー」と銘打って、約４００名のネットワークを構築している。

システムとしては、入会金１０００円を払って会員になり、引き換えに20万ａｗａを手にする。それを好きなものと交換できるし、逆に自分が持っているものに値づけをして会員サイトを通して販売することもできる仕組みだ。

裏山で採れた筍を提供する人、車での送り迎えを提供する人、託児所サービスを提供する人、たとえば炭焼きの技術など、よそだとなかなか換金化できないようなものまでメニューリストに並ぶのが特徴だ。

国に依存しない地域の自立という観点でも共感すると同時に、これは資本主義社会を下敷きにした画一的な物の見方、考え方から人々を自由にし、誰もが自分らしい提供価値を通じて社会と関わっていける一助となる点にも魅力を感じた。

社会に人をあてはめるのではなく、一人ひとりの多様性に寄り添うかたちで経済活動が営まれる点に価値を感じたのだ。

こうした出会いを通じ、すっかり鴨川が好きになった私は安曇野と並行しながら、この地に通うようになった。

そうして半年、最終的に決めたのは南房総だった。

季節による寒暖の差が激しい安曇野とくらべて過ごしやすいこと。海の幸、山の幸に恵まれて豊かであること。そうした理由はあるが、いちばん大きかったのは人である。

出会った人たちがフレンドリーで、私と同じビジョンを持つ人が多かったのだ。

移住地選びのカギは、やはり人なのだと思う。どういう人が住んでいるのか。そのコミュニティでなにを重視し、未来になにをつないでいくのか。そこに共鳴できることが不可欠なのだと感じる。そこを無視して、自分ひとりでなにかをやろうとしても難しいのだ。

とりわけ国に頼らずに、地元のコミュニティの中で助け合いながら生きると考えればなおさらである。共有の田んぼで、生活するうえで最低限の米と野菜をつくる。移住者同士で助け合い、一緒に子どもを育てあげる。日本古来の「結いの精神」こそ、これからの日本には必要。だからこそ、そこに暮らしている人との関係性が大切なのだ。

そうした実感を持って、私は南房総の安房地域を選んだのだ。

「エンデの遺言」地域通貨とは

地域通貨とは円やドルなどの法定通貨に対し、特定のコミュニティ内で発行され、使用される通貨を言う。

法定通貨との違いは、地域通貨は特定の地域やコミュニティだけで有効とされる点にある。発行者が目的に応じて地域を特定し、交換の対象（モノとモノ、モノとサービス）となるものや単位などを決定するため、法定通貨では取引の対象にならないもの、たとえばボランティア活動なども対象にすることができる。これにより資産を持たない人でも生活できる仕組みをつくるとともに、誰もが自分のできる範囲で自発的に社会と関わるきっかけをつくることができる。地域通貨が英語のコミュニティ・カレンシー（community currency）の訳語であることからもうかがえるように、貨幣の機能を超えた助け合いの精神、人と人のつながりをうながす媒体としても機能する。現代社会に多く見られる自分ひとりで何事も背負ってしまう風潮や寂しさ、不安、孤独といった精神荒廃を防ぐ役割も担っているのだ。

また加盟している人が地域内でお金を使うようになるため、地域内でお金が循環し、経済の安定化、活性化につながる。さらに大きな点は利子がつかないことだ。銀行は法定通貨をつくるほかに、利子という実体のないお金を増やしつづけている。雪だるま式に膨れあがる利子がひとり歩きし、人々は毎年増える利子を返済するために無限の成長と競争のメカニズムに身を置かざるを得ないのだが、利子がつかない地域通貨であれば、この問題を解決することができる。

こうした地域通貨に着目し、その可能性を説いたのが『モモ』で知られるドイツの作家ミヒャエル・エンデである。

資本や投機としてのお金とパンを買うお金の機能とは違うと唱えた彼は、お金は組織を隅々まで循環しながら生命を維持していく血液のようなものであり、資本に転化しない、利子を生まないお金として地域通貨の意義を評価した。そして経済のあるべき姿は「消費者共同体」や「生産共同体」であり、現在のシステムを変えるのは市民であるとし、こうした観点からも地域通貨の可能性を説いている。

第3章

あわの国に移住

「あわの国」に移住

私が移住先に選んだ千葉県の安房(あわ)地域は、房総半島の中ほどをほぼ東西に走る県道34号線から南に位置している。

不思議なことだが、房総半島を安房地域に向かって南下すると、**光の粒子が変わる**のを感じる。

理由は分からないが、細かくなる感覚があるのだ。

これは私だけではなく周りの人も同じことを言っている。

日出ずる国と語り継がれる日本において最も東に位置し、日の出が早いというのも関係しているのだろうか。ものすごく守られている感じがするのだ。

安房地域への移住を決めてから、今度は家さがしが始まった。

まずは定宿を決めて、そこを拠点に探そうと考えてネットで検索したところ、目に留まったのがanuenue（ハワイ語で虹）という名のバックパッカー宿だった。

一度の利用ですっかりこの宿が好きになってしまった私はほかの宿を利用せず、まさに定宿として利用させてもらった。

anuenueがある場所は前原海岸のサーフポイントからほど近い。サーファーでハワイ好きのカップル、カズ君とチホちゃんが、さびれた自動車修理工場を自分たちの手でつくり替えてカフェを併設したゲストハウスにしているのだ。書籍がたくさん並ぶコミュニティスペースと、二段ベッドが並ぶ広めの部屋があり、宿泊客は好き好きに自分のスペースを確保する。

個室がなく、かつて泊まらせてもらった地球宿よりもプライベートはないのだが、宿泊客の多くはサーファーでリピーターばかりのため、自然と協和の精神が宿っているように感じた。事実、10年以上やっているが、宿泊客同士のトラブルは一度もないのだと言う。

素泊まりが基本だが、事前に予約をすればシェフとしても確かな腕を持つカズ君が食事をつくってくれる。

米も野菜も仲間といっしょに自給していて、それを近くの海で獲れた魚と一緒に出してくれるのだ。その中には、近所の漁師さんがおすそ分けでくれたものも少なくない。

何度か訪れる中で目にした光景だが、おすそ分けにきた漁師さんが宿に上がり込み、そのまま宿泊客と酒盛りを始めることも珍しくない。「この地域はラクだな。そんなに必死に働かなくても生きていけるのだな」そう感じながら楽しい時間を過ごさせてもらった。

こうした経験の中で、安房で暮らすことの真髄を感じた印象的な出来事がある。

2回目に予約を入れたときのことだ。電話の向こうでカズ君が「その日、私たちはいないかもしれないので、カギをポストに入れておくので入っていてください」と迷いのない口調で断言した。

「不用心じゃないの?」と尋ねた私に、彼はなんでもないことのように「今までトラブルは一度もないから」と笑ったのだ。

確かに、かつてニュージーランドに住んでいたときも誰も鍵をかけていなかった。

しかし肝心の家さがしは、思うようにいかなかった。東京と同じく不動産屋をまわったのだが、理想にかなう物件どころか、そもそもの選択肢が少なすぎるのだ。

地域を歩いて見ているぶんには空き家はたくさんあるのだが、どの不動産屋も物件情報を扱っていないという。

それもそのはず、そのときは知る由もなかったが、田舎はクチコミ文化なのだ。

貸すのも売るのも不動産屋を介さず、クチコミで行う。良い物件ほどその傾向が強く、不動産マーケットには流通しにくいと考えてよいだろう。

そして都会の人と違って、田舎の人は警戒心が強い。私のようなよそ者に対して、積極的に物件を貸そうとは思わないのだ。

anuenueのようなバックパッカー宿には、主催者が移住者であるがゆえの開かれた場があるが、もともとその土地に根づいている人々には矛盾した思いがあるのだ。移住者を迎えて地元を活性化したいという気持ちがある一方で、よそ者を警戒する心理である。

一度、信頼してもらえれば温かだが、心を許すまでに時間を要する。東京では時間はお金で買うことができるが、田舎でそのロジックは通用しない。いきなり距離を詰めようとすれば拒絶されてしまう。

そんな田舎ならではの傾向が、不動産事情にも色濃く出ている。

そうとは知らずにだいぶ無駄足を踏んだ私は、今度はアプローチの方法を変えてみた。鴨川で知り合いになった半農半メカニックの池田剛さんに相談してみたところ、NPO法人「海辺の八兵衛」を教えてもらった。移住者支援をしているご夫婦がいるというのだ。

教えてもらった住所に足を運んでみると、ごく普通の民家だったが、よく見ると「海辺の八兵衛」という看板が掲げられている。どうやら間違っていないようだと呼び鈴をならしてみると、ご夫婦と8匹の猫が出迎えてくれた。

奥さんが根っからの人好き、話好きで、コーヒーとお菓子でもてなしてくれた。

ご主人も面倒見のいい人で、この人たちも移住者だった。

そして、私のビジョンを話すとすぐに「築40年の民宿があるけど、今から見に行く?」と言われ、その足で南房総にある千倉町に向かった。

行ってみると、目の前が海。

最高のロケーションと気持ちのいい海風が吹いていて、部屋は6つに風呂が2カ所、トイレが4カ所、キッチンが10畳と民宿特有で広い。家賃が8万円という条件も申し分なかった。

家は住む人がいないと荒れるものだが、10年くらい前に民宿を廃業した後も定期的に建設現場の社宅として貸し出していたということで、コンディションも悪くない。すぐにでも引っ越せる状態だった。

私は迷うことなくその場で即決した。

「移住者支援の仕事を始めてから、出会って1時間以内で物件を決めたのは桐谷さんが初めてです」

八兵衛さんは、私の決断の速さに驚いた様子だった。

年は変わって2010年2月の出来事だ。

網戸とフスマは取り替えが必要だったが、再生に向けた旅でセルフビルドの家を多く見てきた。

そんな家をつくるのに比べたら、網戸とフスマなんて手軽なものだ。業者など呼ばずに、自分の手で取り替えようと考えた。

ネットで調べると、ちゃんと張り替え用のキットが売っている。さっそく取り寄せてみた。

ちょうど、私が物件を見つけたという噂を聞きつけた元社員の藤森くんが手伝いに来てくれ、第1号の宿泊客となってくれた。

振り返って感じることがある。

一時は里山を買う気でいたことは先述したが、地元の不動産事情を考慮すれば賃貸という形で落ち着いた今、そのほうが賢明だったと感じている。いきなり土地を買うのは、やはりリスクが大きいと思うのだ。

当時は存在しなかったのだが、今なら最初はシェアハウスを借りるのも得策なのではないかと思う。あらゆる場所にシェアハウスができ始めている。

NPO法人　あわ地球村

安房地域での拠点となる住居を探していた頃から私は、ここで展開するビジョンを構想し始めた。

約1年の旅で得た知識や価値観を形にしたいというエネルギーがふつふつ湧き始めていた。

自分や家族だけが暮らすのではなく、都心と田舎を結びつける仕組みがつくりたいとの想いが出てきた。

私は安穏と田舎暮らしを楽しむつもりはなく、より多くの人にその価値観を伝え、循環させていく仕組みをつくりたかったのだ。

一方で、国に頼らない生き方を目指すことで、高齢化や若者の流出によって過疎化している地域の再生モデルをつくりたいという意識もあった。

それは商売人として描いたビジネスモデルより、もう少し大きめのビジョンで、子どもを持つ親としての心境から生まれていた。

今、自分は不自由なく暮らし、やがて死ぬけれど、子孫に美しい日本をのこせるだろうかという思いがあったのだ。

団塊の世代は終身雇用の中で生きてきて、60年代、70年代に活躍してきたから日本の経済発展があったけれど、高額の退職金を手にしてリタイヤした今、彼らのいちばんの悩みは自分の子どもがニート化していること。

正社員になれない非正規雇用が増えている。

団塊世代の多くは資産を保有しているが、その代償として自分の子孫たちに循環する社会システム、農業をベースにした持続可能な社会をのこせなかったという課題を抱えているのだ。

ネイティブアメリカンは物事を決断する際に、最低でも100年先のことを考えるという。未来永劫、人や地球に恩恵をもたらすジャッジかどうかを吟味したうえで、初めて行動を起こすのだ。残念ながら日本には、こうした考え方はない。目の前の利益や、一部の人の利益だけを考えて物事を判断している。

こうした現状を見据えたとき、小学校5年生の息子が成人したときに日本は循環しているのだろうかという危機感を覚える。次の世代のために、今できることをやらなければという思いがあるのだ。

東京の人を巻き込む仕組みをつくろうと考えたいちばんの理由はそれである。成功モデルができれば波及するはず。多くの人が同じことを考え、実践してくれるはず。そうした思いがあった。

屋号は「ＮＰＯ法人あわ地球村」とした。

まずは看板をつくり、私がやろうとしていることを表現しようと考えた。

そこで看板は、anuenueで出会った旅する絵描き、山口夏子（通称なっちゃん）に依頼した。

彼女はクルマに生活道具のすべてを載せて日本中を旅してまわり、行く先々で絵を描いているのだ。

ヒッピー的な性分である私と彼女は波長が合うようで、看板をつくる過程は楽しいだけでなく、気づきも多かった。

最初にあわ地球村のビジョンを描いた1枚の絵を見せた。

自分探しの1年間で見てきたもの。出会った人々。舎爐夢ヒュッテや地球宿、赤峰さん

旅するアーチスト山口夏子さんとの看板づくり

の百姓塾、鴨川自然王国の帰農塾など、さまざまなエッセンスが自分の中に浸透し、明確なイメージが形成されていた。

それを1枚の画用紙に色鉛筆で描いたものだ。

国に頼らない生き方をするために、食の自給、セルフビルドで家を建てる、エネルギー自給をすることにより循環型の暮らしを実現するものだ。

最終的に着地したのは、以下のコンセプトである。

1. 農ある生活ができる人を増やし無農薬で安全な食料をつくります。

2. 消費型社会から循環型社会をつくるためにパーマカルチャーな人を育成します。

「あわ地球村」構想。2010年ビレッジ設計図

3. オーガニック食材を使った食育活動を広げます。
4. ビレッジ通貨を発行し、信頼関係に基づく人間関係を築きます。
5. 里山文化を取り戻す活動を行います。

この想いを共有して完成したのが、現在の看板である。

そして、2010年3月に住民票を東京から南房総市に移した。

田舎ではキーマンを探せ

あわ地球村のコンセプトが明確になり、旗印となる看板も仕上がったところで、次は実践の場となる田んぼの確保が急務だった。

自給自足を視野に、米、味噌、醤油をつくることから始めようと考えたのだが、これがなかなか難しかった。昨日やって来た見ず知らずの都会者が田んぼを手にするのは至難のワザだった。

田舎には担い手のいない耕作放棄地が多いため、どの役場も移住者を増やそうと相談会を設けるといった活動を行っている。

しかしその状況とは裏腹に、先祖代々受け継いできた田んぼを訳の分からないよそ者に貸したくないという事情があるのだ。

特に状態の良い田んぼは、まず借りることが難しい。ひどいケースだと、田んぼに水がまわってこないこともある。

かつて水を争って殺し合いをしたというほど、農家にとって水は死活問題。田んぼの生命線である。その水は上流に位置する田んぼから順番にまわされる。水を使い切ってしまうと下流の田んぼまで水がまわらないため、水をせきとめ、下の田んぼにまわすようになっている。

ところが水の少ない地域の場合、下の田んぼまで水がまわってこない。

そうとは知らず、私も苦労した。

移住者に耕作放棄地を斡旋するという農業委員会に足を運んだが、まったく相手にしてくれなかった。

人に貸したいというニーズはあるが、それは私のような素人ではなく、知識も技術も充分に持っている人に貸したいのだ。

これは農家はすぐにでも会社員になれるが、会社員は農家資格がないので農地を買うことができない農地法が障害となる。

この地域では、5反（1500坪）以上の耕作をしていないと農家資格はとれない。資格がとれないと、農地を買うことができない。移住者がいきなり5反を耕作するのはどう考えても難しい。

古くからある農地法が農業の活性化にとって弊害となっている。

壁にぶちあたった私は、起死回生を狙ってネットで検索をする。隣の鴨川にはコミュニティを持っていたが、千倉には知り合いがいなかったので、キーマンを探して相談しようと考えたのだ。

すると「たのくろ里の村」という情報にたどり着いた。

さっそくウェブサイトに書かれていた代表の川原孝さんに電話をして「移住してきて、

田んぼを探しているのですが、情報はありませんか？」と尋ねたところ、明日の18時に千倉駅近くの居酒屋に来なさいと言われた。

光が射したような気持ちで喜び勇んで出向くと、立派な体格をした、房州弁の親父さんが出迎えてくれた。

私の話に耳を傾けると、おもむろに電話をかけて、二人の人物を呼び出した。

一人は、南房総のライオンズクラブの会長を務める川名融郎さん。

もう一人は、役所の総務課長を務める島田守さん。ふたりとも自宅から駆けつけてくれたようだった。

どうやら私がネット検索で引き当てた川原さんは、千倉の親分的な人物だったようだ。呼び出されたその二人は、次から次に耕作放棄地の情報を提示してくれたのだ。

川戸にある、上瀬戸にあると、どんどんと候補地が出てくる。

実際はあるのに、貸してもらえなかったのだ。それが信用できる紹介者が仲介すると、あっという間の話なのだ。住居を探したときにも痛感した、田舎では人のネットワークをつくることがなにより重要なのだ。

こうしてようやくではあったが、1反5畝の田んぼを借りることができた。坪に直すと

450坪、畳900枚の面積である。賃貸料は相場が決まっていて、1反あたり年間で1万円。

耕作放棄地との格闘

次に借りた田んぼは、13年間放置されていた田んぼだった。

それがどういうことであるか知っていたら、おそらく借りなかっただろう。しかし、私は米づくりのど素人。状態なんて想像もつかず、軽い気持ちで1反の田んぼを次に借りた。

そこに恐ろしい現実が待っているとも知らずに。

ただならぬ空気は、すぐに感じた。

体力には自信もあるし、開墾鍬（くわ）で土を掘り起こそうとしたのだが、まったく鍬では歯が立たないことに気がついたのだ。

13年間、田んぼに張り巡らされた根は強固で、鍬を入れても入れても下から太い根が出てくる。

それでも必死に打ち下ろしていると、なんということだろう。30分もしないうちに鍬の柄が折れてしまったのだ。自分が踏み込んでしまった未知の世界への畏怖やら、いろいろな悲観的な感情が入り混じった。

しばらくは、田んぼで途方にくれていた。

しかし、ギブアップをするわけにはいかないので思考をめぐらした。

しばらくすると、一つの考えが思い浮かんだ。作戦を変え、パワーショベルで土を掘り起こすことにしたのだ。そう、建設現場で使われる堀削機械だ。田んぼをパワーショベルで掘り起こすなんて、我ながら乱暴だったとは思う。しかし、そのときは必死だった。

3日後、パワーショベルを友人から借りてきて運転方法を教わり、田んぼの開墾を再開した。

ところが、その後に拡がったのは悪夢のような光景だった。

複雑怪奇に絡み合った木の根が、掘っても掘っても出てくるのだ。

いったいどれだけの根が地中に広がっているのだろう。掘り起こした根が、小山のように積まれていく。結局、ほとんど休みをとらずに2日間かけて、ようやく掘り起こすことができたのだ。

もう、疲労困憊（こんぱい）である。しかし、まだまだゴールはほど遠い。

今度は、掘り起こした土を戻す作業が残っていた。根を外し、残った土を選り分けて田んぼに戻す。これがまたひと苦労だった。

それでもようやく土が整い、意気揚々と水を入れようとしたのだが、まだまだトラブルは続いた。

水を入れると、あっという間に水が抜けてしまうのだ。

根を掘り起こしたために土中に通路ができてしまい、そこから水が抜けていくのだ。

田んぼに水が溜まらなければお話にならない。しかし、何度やっても抜けてしまう。再び途方にくれた。

そんな途方にくれている私の姿を見て、田んぼの隣でキュウリ農家を営む小泉さんがアドバイスにやってきてくれた。

「もう一度、パワーショベルを借りてきて、田んぼの畦（あぜ）周りの2メートルを徹底的に踏み潰せば、ある程度まで水が抜けるのは止まる。だが、今年は完全には止まらんやろうね」

そう言ってくれたのだ。

ワラにもすがる気持ちで小泉さんのアドバイスどおり、パワーショベルで田んぼの畦周りを何度も何度も往復して踏んだ。

　そうすると水が抜けるのが止まり、田んぼに水が溜まり始めた。

　ようやく水が溜まったと思ったら、さらなる悲劇が待っていた。水をせき止める畦のつくりが甘かったようで、大雨で決壊し、せっかく溜めた水が一気に流れ出てしまったのだ。

　まったくの素人だから失敗はつきものだろうと覚悟して臨んでいたものの、正直、この田んぼに関しては想像の域を超えていた。

田んぼから13年分の根を掘り起こした著者

　つらい経験だったが、振り返ってみれば貴重な体験だったと感じている。そしてこれがあったからこそ、地元の人の信頼も得ることができたといえるだろう。

　私の田んぼは、大きな道路に面している。地元の人にとっては、目立つ場所に耕作放棄地が広がっているので、過疎化の暗い影を感じさせる悩みの種だったようだ。

そこをよそ者である私が掘り起こし、青々とした稲を育て、秋には黄金色の穂が広がる光景に変えたことで、地元に貢献する形となったようだ。

ひとたび信頼を得られれば、田舎暮らしは一気に楽になる。田んぼを借りてほしい、畑を借りてほしいというオファーを次々といただけるようになった。

移住者が、このような苦労を避けるとしたら、最初は地元の人の田んぼを手伝う援農や、農業法人の研修生をお薦めしたい。

その間にゆっくりと人脈もできるし、ノウハウと情報も手に入る。研修が終わったときには良い状態の田んぼが見つかるだろう。

素人でも無農薬米がつくれた（初年度の出来高は720キログラム）

移住して2カ月で田んぼのほうも、なんとか整った。

しかし、ひと息つくヒマはまったくなかった。

この時点で4月。安房地域は田植えのピークがほかの地域よりも早く、ゴールデンウィークに行われるのが習わしとなっている。知識も経験もない素人なのに1カ月弱で準備を整え、初めての田植えを行わなければならない状態だったのだ。

もちろん、東京での経営者としての業務も継続中である。せっかちな性格の私は同時進行で、あわ地球村の事業である田んぼオーナー制度を立ち上げたのだ。

初めての田植えに加え、時間的な余裕もない状態だった。

しかしコンセプトメイキングを行い、看板を制作したときから、私の頭の中にビジョンがどんどん膨らみ、情熱が自分でも抑えきれないほどになっていた。

何度も頭の中に去来するのは、鴨川の名勝、千枚田の景観だった。

房総半島の真ん中に位置する、東京から最も近い棚田で、嶺岡(みねおか)の山並みの麓(ふもと)、およそ4ヘクタールの急傾斜地に階段のように連なる375枚の田んぼでできている。

日本で唯一、雨水のみで耕作を行っているため、貴重な動植物が多く生息している自然の宝庫なうえに、棚田を守ることは洪水などの災害防止や、貴重な生態系、環境の保全にもつながるとあって、まさに人と自然の共生を象徴するかのような景観である。

この千枚田で導入されている田んぼオーナー制度をモデルにしようと私は考えていた。ＮＰＯ法人が主催したのだというが、千枚田はこの制度を導入したことで、存続の危機を脱したのだ。

というのも千枚田は観光地として成功するほど美しい景観で知られるのだが、猫のひたいほどの小さな田んぼが急傾斜地に連なっているとあって、平野と違い機械が入れられないのだ。

さらに田んぼで稲をつくるためには、「荒起こし」「畦塗り」「代かき」「田植え」「草取り」「水の見繕い」「畦刈り」「肥培管理」など多くの作業が必要である。

１枚１枚が小さい田んぼの千枚田では、こうした農作業により多くの手がかかるので、一人のオーナーが管理するのは不可能なのだ。

そこで発想を転換し、ＮＰＯ法人が主催者となって大小の田んぼごとにオーナーを募り、１畝３万円で貸し出したところ大成功した。

そのアイデアも素晴らしかったが、いちばんの成功要因は地元の人を巻き込んだことだと感じる。

私が安曇野で野菜づくりに失敗したのも、東京との二拠点居住では草刈りが間に合わな

田んぼに水が溜まったら、田植え開始

かったという点があげられる。千枚田はその点を見越し、草刈りや水の管理を地元の人に有料で委託できる仕組みをつくりあげていたのだ。

これにより都会の人でも米づくりができて、同時に耕作放棄地が復帰し、さらに地元に雇用を生みだす結果にもなっているのだ。一石二鳥どころか、一石三鳥を実現している制度といえるだろう。

この制度をモデルとしていたため、田んぼを借りるときも、それを前提にしたスペースを借りていた。

素人だし、最初は自分たち家族が自給自足できる範囲の小さな田んぼを借りるほうが確実だったが、事業としてお客さんに入ってもらうには最低限1反5畝は必要と判断したのだ。

だからこそ通常より作業量も多かったが、今、思えばよくやったなと思う。

こうした理由から初年度から田んぼオーナー制度を導入したのだが、いかんせん田植えのピークまで1カ月を切ったので、最初は友人、知人に限定して募集することにした。

たとえ失敗しても、一緒に笑い飛ばしてくれるような仲間たちだ。

現状のすべてを正直に話したうえで参加してくれたのは20名ほど。デジパを卒業した元社員の藤森君や盟友である秋庭洋さんが駆けつけてくれたのは、なんとも心強かった。

会員ひとりあたり、1畝3万円で貸し出すことにした。

共同作業で、全区画の収穫を会員で平等に分ける。収穫はその年の天候や栽培、技術によって変動するが、その点も了承のうえで参加してもらった。

都会の人にとって魅力なのは、4月から11月までの間に開催されるワークショップのうち、最低5回参加するだけで米づくりができるようにした点だ。

代かき、田植え、除草、稲刈り、脱穀のタイミングがあるが、月に1度のペースで行われる各フェィズを1回は体験してもらうことになる。

ただし除草だけは田車という滑車の付いた手押しの道具を使い、10日に1度の頻度で実

除草剤を使わずに田車で除草

施する。これはあわ地球村のスタッフと会員が交代で行うことにした。

赤峰さんの農法をベースにし、無農薬、無化学肥料で行った。

このとき感動したのは、田んぼの美しい光景である。

田植えの間は一面に水をたたえ、キラキラと輝いている。そこにオタマジャクシ、カエル、カニが戯れている。

生き物たちのにぎやかな声は、機械を通した音に慣れた耳には独特の心地よさをもって響く。子どもたちの笑顔も都会のそれとは異なり、ひときわ輝いて見えるのだ。

そして、夏になれば稲の青い絨毯が見渡す限りに広がる。風になでられ、右に、左にそよぐさまに目を奪われる。稲と稲がふれあうかすかな音も心地よい。

しかし究極の光景といえるのが、豊かに穂を実らせた稲が黄金色に輝く光景である。世界各国を旅した経験のある私だが、やはり日本の伝統である田園風景は美しい。

日本の食料自給率が落ちている今、子どもたちにこうした体験を贈ることができたことに無上の歓びを感じた。

同時に、この美しい田園風景を残すことが私たち世代の役割であると改めて思った。

多くの農家では、稲を収穫するときにコンバインという機械を使う。これは刈り取りから脱穀までをワンステップで行える大型機械なのだが、1反の田んぼの稲刈りなら約2時間もあれば終えることができて、最終的には袋に籾（もみ）を詰め込んだ状態にまでしてくれる。いまは、大半の農家がこのやり方で稲刈りを続けている。

そして、乾燥機に入れて短時間で乾燥させる。

今、流通している米のほとんどがこの流れになっているが、私は天然乾燥米（天日干し米）にこだわった。

機械で強制的に乾燥させるのではなく、束ねた稲を「はぜ掛け」といった方法で自然のもとにゆだね、さわやかな風や降り注ぐ太陽の恵みを受ける状態でじっくり乾燥させるのだ。機械乾燥が一瞬で終わるのに対し、天然乾燥だと1週間ほどかかる。

それも順調にいった場合で、稲の重さや台風などの被害ではぜ掛けが倒れることもあり、時間と労力がかかるのだ。

なぜ、わざわざひと手間かけるのか。旨いということもあるのだが、できた米のエネルギーが違う。

それは太陽の恵みを授かっているゆえか、刈り取られた後も生きているといわれる稲にはモミ殻などの糖分が浸透して熟度が増すのか、光合成によってじっくり旨味成分が浸透するのか、理由は定かではない。とにかくエネルギーに満ちあふれ、甘くて旨い。

その判断に間違いはなかったと思うのだが、とにかく徹底的にやらないと気がすまない性分の私は、さらに稲の刈り取りまで手で行おうと考えたのだ。

すべて手作業でやることに挑戦した。

これが本当にきつかった。

体力には自信のあった私でさえ根をあげてしまった。刈っても、刈っても終わらない。束ねようにも、やり方が悪いようで、逆向きにするとズルズルと抜け落ちてしまう。

これをあたりまえに行っていた先人を思うと、頭がさがるばかりである。

結局、10名の大人が力を合わせて2日にわたり作業したが、半分も終わらないという悲惨な状況に陥ってしまった。

みんなの顔にも、悲壮感が浮かんでいる。

私は自分の判断ミスを猛省したすえ、近隣の農家さんにコンバインを借りて、初年度は残りの稲刈りを委託した。

初年度から参加してくれた会員さんの間では、このときの苦労がいまだに語り草となっている。「あの年は、どんな出来事よりも稲刈りがいちばんしんどかったね」と笑うのだ。笑ってくれるだけ、ありがたい。そしてその年に懲りずに、いまもこうして会員でいつづけてくれることに感謝の念を感じるのだ。

翌年は、バインダーという稲を刈り取りと束ねる作業をワンステップでできる手押しの小さな稲刈り機を中古で購入した。

稲刈りの次は、はぜ掛けである。

竹で柱をつくり、そこに束ねた稲をかけて1週間ほど天日干しをするのだ。

素人仕事を見かねた地元の人も指導にやって来てくれて、なんとかはぜ掛けを終わらせた。

その後、1週間の天日干しを行う。そして乾燥を終えて脱穀となったのだ。

初年度の米づくり、完了である。

達成感は、これまで味わってきたすべてに勝るものだった。

自分たちの手で初めてつくった米。試行錯誤をしながらも、一つひとつのプロセスにこだわりながらつくった米。

収穫は12俵。720キログラムだった。

感慨深かったのは、あわ地球村の広間に米俵が積み上げられた光景である。

その光景からは、なんとも言えない豊かさが感じられた。百万石の大名とはよく言ったもので、昔の日本人が豊さを米で表した気持ちが理解できた。

江戸時代は、米の量を表す単位として「石」という単位が使われた。一石が150キログラムである。

また、マルコポーロが収穫の時期に広がる黄金色の穂の光景を「黄金の国ジパング」と表現したことも納得できた。

米は日本のひとつの文化。田んぼを捨てたら、日本の未来はないと痛感したのだ。

そして、これまでの自分を振り返ってこれほどの豊かさを感じたことは、かつてなかっ

収穫の季節に広がる黄金の風景

た。会社を経営していると、常に恐怖心があった。どれだけ現金があっても常に恐怖心があった。

しかし、いまは一切の恐怖心がなくなった。米俵が積み重なる光景に圧倒的な豊かさを感じたのだ。

もちろん、田んぼも嵐がきたら壊滅する。不作の年もある。しかし、田んぼは未来永劫循環するのだ。実った1粒の米を蒔けば、苗ができる。それを植えれば、そこから最大1000粒にもなる穂が実る。田んぼの神秘だ。

これまでにも田植えや稲刈りは経験してきたが、ワンサイクルを経験したことで、頭で理解していた循環の真理を心身一体で理解することができた。土と水と太陽の力で循環している安心感は言葉にならない。

男という漢字は、「田」の「力」と書くが、この意味がようやく分かった。田んぼを知り、私は本当の意味で男になったような気がする。経済活動に頼らずとも大切な人を守ることができる。米をつくるとは、そういうことだったのだ。

田んぼは循環農法

田んぼもまた、赤峰さんの循環農法をできる限り再現した。農協を中心に広く普及している農法との違いはいろいろあるが、象徴的なものは稲の苗づくりといえる。

本葉を3枚ほどつけた2・5葉の稚苗稲を3〜5本植えるのに対し、赤峰さんの農法では、40日ほどかけて約25センチまで育てた5・5葉の成苗稲、葉っぱの数でいえば本葉6枚まで育ったものを1本植えするのだ。それでなにが違うのかといえば、田んぼの水位を高くすることができ、雑草を抑えることができる。

『究極の田んぼ』（日本経済新聞出版社）の著者である岩澤信夫さんも赤峰さんと同じ理論を説く。生前に岩澤さんの講演会に参加する機会があったのだが、このように語られて

田植えには5.5葉の苗を使用する

いた。

今の田んぼは油を使いすぎる。戦前は、5・5葉の成苗稲を育て1本植えをしていた。ところが戦後に2・5葉の稚苗稲が標準になり、化学肥料と農薬が必要になった。

これは誰かが仕組んだとしか考えられない。東北地方に稲を学びに訪れたら、1980～81年と続いた冷害に遭遇。壊滅的な被害の中で、わずかに実っていたのは、昔ながらの5・5葉の成苗稲を育てた農家だった。

また赤峰さんの循環農法では、田植えの翌日に糠(ぬか)を撒く。田んぼに糠の膜をつくることにより雑草に必要な太陽光を遮(さえぎ)り生育を抑える。これは除草剤を撒かない状態をつくるだけでなく、後に肥料と変わる、非常に理にかなった農法なのだ。

しかし初年度は現在のスタンダードと大きく違う農法に、近隣の農家さんの笑い者だった。「糠なんて撒いて、米ができたら苦労せんわ」と言われたのだ。多くの人が除草剤をはじめとする農薬や、化学肥料を使うことを前提とする農協が広めている近代農法を信じて疑わないのである。

ところが4年目を迎えた今、近隣の農家さんから質問されることが増えた。

今年も糠を撒いていると、「あんたとこの稲は、刈り取る9月に入っても茎が枯れずにもうひと伸びするのはなんでじゃ？」

最近、南房総の新規就農では農薬を使わない人が増え始め、周りの農家もこれまで信じてきた近代農法への疑問が生じているのだ。

第4章

あわの国の人は、あばら骨が足りない
（あわの国の移住者を紹介）

そんなに働かなくても生きていけるのでは?

先にも述べたように、安房地域は非常に暮らしやすい。安曇野は1年の寒暖の差が激しく、舎爐夢ヒュッテのスタッフなどは12月から3月までは休業し、インドやタイで暮らす人も多いのに、安房は南国と称する人もいるほど暖かく暮らしやすいのだ。

食の豊かさにも恵まれている。東京にいると海の物、山の物、季節を問わずになんでも手に入るが、田舎だとその土地でその時期にとれたものが食卓に並ぶのが常である。田舎の食卓を多く目にしてきた中で、海と山がある安房地域の食文化の豊かさは格別に感じられた。

海の幸で言えば、海にイワシが回遊してくれば簡単に獲れる。

1時間もいれば、50尾はくだらない量が獲れるのだ。網で簡単にすくえるし、ときには浜に打ち上げられていることさえある。

昭和の時代、海女さんが2日間潜れば、公務員の3カ月分の給料を稼ぐという話にも、海がある生活がいかに豊かな暮らしをもたらしているかが想像できるだろう。

山もまた素晴らしい。なんと言っても春の筍が旨い。旬になると、どこの農家でも山のように採れるので食べきれず、自然と隣近所にお裾分けしたり、別のものと交換したりといった交流がうまれる。

私も居を構えた初日に、旬の筍を抱えきれないほどいただいた。初日の歓迎かと思えば、けっして特別なことではないようで、その後もことあるごとにお裾分けをいただくようになった。

働かなくても生きていけるのではないか？　と思うほど、暮らしやすいのが安房地域なのだ。

そのためか暮らしている人も余裕があって、おおらかである。

旧安房郡の漁村で江戸末期から唄われてきた民謡「安房節」に、「安房に住む人はアバラ骨が一本足りない」という意味の一節がある。当時の船の構造からきているもので、アバラとは船の内側をささえる木のことだ。人の身体にある肋骨（あばらぼね）と同じような働きをする。

房州（安房地域）の海は穏やかなため、この木がない船でもゆったりと波にゆられていられることから転じて、穏やかで温暖な地域の南房総では気楽に暮らしていけるという表現になっている。

まさに、ちょっと抜けているとも言える天然気質や穏やかで温厚な人柄、細かいことを気にしないおおらかさを持つ安房地域の人々をうまく表現しているなぁと感じるのだ。

こうした地域だからこそ、半農半Xの人々にとっても暮らしやすいのだろう。実際、出会った人たちの中には、半農半Xの人たちが数多くいた。


「どうやって生計を立てているのだろうか？」


とにかく、そんな疑問を抱かせる人が多い。それほど、この地域には多様な生き方があると感じる。自然資源に恵まれた豊かな安房地域だからこそ、生き方にも多様性が生まれるのだろう。

では、どのような人にとっても暮らしやすい地域なのかと言えば、必ずしもそうではないのだろう。

地域の人と接することなく一人で生きたいという人、自分たち家族だけで暮らしたいという人たちにとっては居心地が良いとは言えないだろう。

というのも、東京では隣近所の人とつき合わなくても充分に豊かな暮らしができる。しかし、田舎だとひとりで生きていけないことを痛感する。

まず、田んぼには組合がある。水をシェアしたり、一緒に農道を整備したり、水路清掃をしたりといった共同作業が発生するのだ。

そのため自分ひとりで完結したい、家族だけで完結したいというライフスタイルをイメージして移住してくる人にはきついと感じるだろう。

旬のものが同じタイミングでとれるから、みんなとれすぎて困っている。どうしてもお裾分けが前提になるが、みんな家にカギなんてかけないから、勝手に上がって置いていく。電話で約束を取り付けてから出向くという人はいない。

この文化を受け入れることができるか、楽しむことができるかで安房地域での暮らしに対する評価は180度違ったものになるだろう。

半農半メカニックという生き方（池田剛の場合）

田舎に移り住んだことで、新しい可能性を手にする人が大勢いる。池田剛さんも、そのひとりだ。

東京でクルマの修理工として実績を積んでいた池田さんだったが、時代は機械制御から電子制御のクルマへと移行し、職人的に磨いてきた技を発揮する機会が減っている現実があった。自身の心境としても、修理工の仕事はやり切った感があり、新しいことに挑戦したい思いは年々強まっていた。

「東京での暮らしにストレスはまったくなかったんです。ただ、時代の移り変わりを肌で感じていたこと、仕事にマンネリ感を覚えていたことで、何か新しいことができないだろうかと考えるようになりました。そのとき家庭菜園をやっていたこともあり、農を本格的にやれないだろうかと思うようになったんです」

ヒントを求めて足を運んだのが、私も体験した鴨川の帰農塾だったという。私と違ったのは、導かれたとでもいうほどのラッキーが舞い込んだことだった。

「私が参加した時期に、たまたま空き家が出たんです。住んでいた方が引っ越しをされて。それで『住んでみないか』と誘われ、そのまま現在に至ります」

エリアや住む家が決まるまでに時間を要した私とは大違いである。しかし一方で苦労したのは、古い家のため改修が必要だったことだ。特に床は老朽化が目立ち、台所周りの床を張り替え、トイレを簡易水洗に改造し、畳の部屋は一度畳を外して土台のダメなところを補修したとか。しかも、池田さんはネットで調べた知識を頼りに自らの手で行ってしまったというから、たくましいものである。

さらに私が感心したのは、東京で磨いた職能の活かし方だ。クルマを修理する知識と技術を壊れた農機具に応用し、修理したものをレンタルするビジネスを始めたのだ。

「農をしながら自給自足で暮らすつもりだったので、修理工としての腕を活かすつもりはありませんでした。でも、クルマが欠かせない地域でありながら修理できる人がいなくて自然と請け負うように。困っているお年寄りは放っておけませんから。ところが予想外だったのが、農機具の相談までいただくようになったこと（笑）。こちらもクルマと同じく生活に欠かせない機械。なんとかしてあげたいと試行錯誤しているうちにビジネスモデルができあがった感じです。農機具特有のパーツはクルマの知識や技術が応用できないので、一つひとつ手探り。それがかえって面白いんですよ」

東京で感じていたメカニックとしての閉塞感から一転、新しいフィールドを手にした充足感がある。

一方で、メカニックとは異なる活動も興味深い。「里山生活お助け隊」というユニークな団体を組織しているのだ。

「これもボランティアから派生したビジネスです。この地域は竹山が多く、伐採は大仕事です。お年寄りから伐採の手伝いを頼まれて請け負っているうちに、お金を支払うので、いろいろ頼みたいという声が寄せられるように。倉庫の整理や大きな荷物の移動といった日常的なことから、田んぼの草取りなど大掛かりなものまでいろいろなニーズがあることが分かりました。それで移住してきた人たちの生活を支援する意味も含めて、組織化することを決めたんです。現在は20名ほどの移住者がメンバーとして活躍しています。地元の人との交流が生まれる点も大きいですね」

新しい可能性を追求する池田さんだが、やりたいことはまだ続くという。近い将来、奥さんと農家カフェを運営したいと思っている。「里山生活お助け隊」が思わぬ盛況で、カフェの運営に必要な面積の田畑を開墾できないのが目下の悩みだとか。

そうした毎日について池田さんが言った言葉が印象的だった。「東京では歯車のようでした。情報の多さがノイズとなって、本当にやりたいことに気づけない状況だったとも思います。鴨川の暮らしは自分が主体的にやりたいことを追求する日々。より自分らしく生きていると感じますね」

未就職であわの国に移住（東洋平の場合）

地方で暮らす若者の中には、自身の幸せだけでなく、地域活性化への使命を燃やす人も多い。国に頼らず、日本の未来を切り拓くために変化の芽となろうとしている。

東洋平くんもその一人である。私は後述する「ココロザス」（起業家育成事業）を通じて彼のビジネスを支援しているのだが、彼は地域の活性化、日本の未来に対して強い危機感と、自分の手でなんとかしたいという情熱を持っている。

彼が田舎暮らしを決めたのは、大学院で学んだ哲学によるところが大きい。それはアメリカの現代哲学で「有機体である人間は外界との接点によって思考や身体機能を成り立たせている」という考えに基づく哲学だった。幼少期にアトピーに苦しんでいたが食を変えたら治ったこと、都会で生きる中で精神を患っている人を多く目にしてきたこと。これらと学びで得た気づきが相まって、自然の中で生きたいと考えるようになったのだ。そして大学院を卒業すると、すぐに館山に移り住んだ。

「都会で暮らすことにも価値はあると思います。けれど、僕の気持ちは地方での暮らしに傾いていきました。そこに東日本大地震が重なり、翌月には館山に移住することにしたんです。今はシェアハウスで暮らしながら、自給自足で暮らしています。同時に農を中心に、地域活性につながるような仕事をつくりたいと考えています」

そうした思いから、一次産業を通じて都市と田舎をつなぐ楽縁（らくえん）という団体を組織している。彼は、私があわ地球村で開催していた起業塾の塾生だった。彼は一期生として参加してくれたのだが、それが縁で館山に田んぼオーナー制度を立ち上げるのを手伝うことになった。私が現地に行き、東くんも含めてオーナーたちに田植えを指導している。今年の田植えはあわ地球村のオーナーたちはもとより、一般の人や企業の研修の一環として、およそ60名が参加する盛況ぶりだった。

東くんが楽縁を通じて館山を活性化したいと願うのは、それだけ手にしたものが多いからだと言えるだろう。

「この地には人の温かさがあります。東京にいたときは、自分を知らない人に囲まれている感覚がありましたが、ここではお互いのことをよく知っています。特に、ここに集まってくる若い人たちは価値観も似ているので、夢や目標を本音で語ることができる。自然体の自分でいられるコミュニティがあるんです」

こうした魅力を感じるからこそ、一方で、館山が抱える課題を見過ごすことができないようだ。

「少子高齢化を肌で感じるんです。移住してきた人を除けば、若い人がほとんどいない。みんな都会に出ていってしまうんですね。それは働く場がないことが理由だと思っています。僕も結婚し、子どもができましたが、自給自足だけで暮らすことの難しさを感じています。支出は都会の生活と比べものにならないほど安くあがるけれど、人間は欲の生き物。つましく生活することには限界があると思うんです。だからこそ、この手で雇用を創出したいと思います。若い人がたくさん集まるように、場をつくるのが自分の仕事ではないかと感じるんです」

楽縁はそうした決意の現れであり、最初のアクションだ。これに留まることなく、東くんは挑戦を続けている。眠っている資源を掘り起こし、付加価値をつけて国内外に届けること、新しい切り口でビジネスを創造すること、さまざまな可能性を模索している。そんな彼のもとにひとり、またひとりと志を同じくする仲間が集まってきているのだ。

都会の花屋から農家レストランへ（大山宏子の場合）

大山宏子さん（通称ビロ）は、30歳を目前に安房地域に移り住んで1年半になる。

東京で暮らしていた頃は花屋で責任あるポジションを任され、充実感もあったという。しかし一方で、多忙な日々の連なりの中でふと立ち止まって生き方を見つめ直したときに、消費的で物質的な生活に疑問を抱いた。自分が理想とする生き方を自問自答した結果、田舎暮らしを選択した。

「もともと自然が好きだったんです。花屋に勤めたのも、草花が好きという気持ちなら誰にも負けないという理由からでした。でも、草花に囲まれる生活には思わぬ痛みがありました。きれいに咲いていた草花が商品価値をなくした途端に、ゴミとして大量に廃棄されるのを目の当たりにする日々と背中合わせだったんです。東京にあるのは消費の文化、売り切れないほどの草花を仕入れて捨てることをなんとも思わないのだと気づかされました」

毎日のように繰り返される光景がボディブローのように、ビロを蝕んでいった。さらに、東京で暮らすことにも強い違和感があった。

「多くの人が感じていることだと思いますが、通勤電車のストレスが大きかったですね。少し他人のカバンが当たっただけでもイライラしている自分がいる。どうして、こんなに心が狭くなってしまうんだろうと自己嫌悪に陥ることも少なくありませんでした。それと、街の臭いや空気の汚さにも抵抗がありました。年中、マスクをしている生活で、空気も満足に吸えない場所で生きることに疑問を感じていたんです」

こうした理由から、自然の中で自然とともに生きたい、土の上で生きたいという思いがあり、ビロは私と同じく地方を訪ね歩き、安住の地を探すことにした。

「安房地域にたどり着いたのは、まるで導かれるような感覚でした。最初は場所を特定していなかったんです。サーフィンが好きなので海の近くがいいな、といった程度でした。それがたまたま出会った人に安房の農家で働く篠塚君を紹介してもらって会いに行ったとき、すごくフィットする感じがあったんです。それからはご縁、人から人に数珠つなぎで紹介してもらい、仕事や住む場所があっという間に決まりました」

彼女は今、農家レストラン「じろえむ」の研修生として働いている。無農薬、無科学肥料で米と野菜をつくり、その素材を活かした食事を提供するレストランである。

「仕事がすぐに見つかったのはラッキーでした。田んぼや畑は初めての経験でしたが、本気で農をやりたいと明言していたことが採用していただいた理由ではないかと思っています」

そう語る彼女は、日々の仕事を通じて自分もいつか農家レストランを主催したいという思いが芽生えている。

「古民家を1軒、借りたんです。ひとりで住むには大きすぎる部屋数があるので、自分でつくった米や野菜、それに大好きなお酒でお客様をおもてなしする場にできたらと思っています。農を通じて人と人、田舎と都会、自然と文明をつなぐ活動に力を注いでいきたいですね」

そんな彼女は、東京で暮らしていたときのストレスからは解放されたと語る。

「精神的に安定したのを感じます。ストレスがないのも大きいですし、なにより安心感がありますね。収入は東京で暮らしていたときより、かなり減っているし、貯蓄も減っている。でも、精神的には豊かな感じなんです。〝大丈夫でしょ、お米も野菜もつくれるし、価値観が同じ仲間もたくさんいるし、なんとかなる〟といった感じですね。根拠がないとも言えますが（笑）」

私が自宅に積まれた米俵に感じた安心感や豊かさを、彼女もまた実感しているひとりなのだ。

半農半ミュージシャンという生き方（山口泰の場合）

山口泰（ヤス）さんは、幼少期をこの地で過ごした人物だ。現在はレコーディングエンジニアとして活躍しているが、９・11アメリカ同時多発テロをきっかけに活動拠点をニューヨークから安房地域に移した。

彼はテロを目の当たりにしたことで命の危機を感じるとともに、成功を目指してがむしゃらに仕事をしていた価値観にも変化が生じたのだという。

「テロという形で、人為的に命が奪われたことがショックでした。そして資本主義の恐ろしさ、限界を感じたんです。そのとき心に浮かんだのが、幼少期を過ごした安房地域でした。ニューヨークで暮らすようになってからも、本家が残っていたのでお盆や年末には帰省していました。そのたびに感じていたのが、安房地域は物質的に豊かだなぁという実感です。帰るときに親戚が地域でとれたものを持たせてくれるんですが、その量がすごくて、いつも車がパンパンになる。気持ちまで豊かになる感覚がありました。それで、ここなら何があっても生きていけるという意識があり、何かあったときには安房地域に帰ってこようと決めていたんです」

実際に移り住んだことで改めて実感したことがある。

「ニューヨークの音楽業界に身を置いていたときのプレッシャーは想像を超えていました。ミュージシャンは売れている人、それほどでもない人、これから売り出そうとしている人に階層化されていて、スタジオを使う時間帯にも格差があった。そうした関係性を肌で感じることにもストレスがあったし、頂点を目指そうとする人たちの無言のプレッシャーにさらされていたことも大きかった。仕事で求められるレベルも高く、緊張から失禁してしまったこともあるほどでした。強いストレスがあったんです」

9・11を機に、音楽性にも変化が生じたヤスさんは、江戸時代に建てられたお寺を活動の拠点にしている。

「あの事件をきっかけに、ニューヨークでは人と人の距離感が変わりました。大切な人を、もっと大切にしようというムードが高まりました。僕自身も自分に何ができるか考えると、やはり音楽で想いを伝えることだと感じたんです。そうしてめぐり合ったのがお寺のカルチャーでした。たくさんの人が安心して集まれる場所で、幸せイッパイの音を響かせたら少しでも良い世界へ向かうのではと思い、お寺の住職とのご縁で、今ではお寺に住み込んで活動しています」

資本主義の競争原理の中で奏でてきた音楽から解放され、大切な人への想いを伝える手段としての音楽に生きる今があるのだという。

そんな彼が見据えている未来といえば、安房地域をエンターテインメントの力で盛り上げていくことだという。そこには中央政府に頼らない独立国家としての安房地域のビジョンがある。

「安房地域がひとつの国を目指すというか、中央政府に頼ることなく経済的に自立できる状態を目指して働きかけていきたいと思っています。音楽を通じて人が集まる場、情報が集まる場をつくることは今後も変わらないけど、より覚悟を持って活動していくイメージですね。エンターテインメントの力で変えていきたいですね」

今の政府だと遠すぎて国民の力では何も変えられない。しかし、地域通貨を発行する土壌や空港が近くて海外にも開かれている安房地域ならば、独立した国家として新しい扉を開くことができると確信しているのだ。

それが半農半ミュージシャンとして生きるヤスさんにとって、活動の源泉となっている想いなのだ。

ある日突然1町歩超えの農園主に（田嶋勝也の場合）

物質的に豊かで過ごしやすい安房地域には多様な生き方がある。中には私のように、人生を再生する目的で移り住んだ人も多い。

「安房いろは農園」の田嶋勝也くんもその一人。以前は東京で香料をつくるメーカーで働いていた。

「たとえばイチゴのフレッシュな香りや熟した香りなどを食品メーカー依頼のもとにつくってきました。そうした中で、食品業界の裏側を目の当たりにしたことが有機農家として生きるきっかけになりました。毎日、口にする食に対する危機意識があったのです。例をあげれば、コンビニ弁当。あの弁当は1週間くらい置いても腐りません。たくさんの保存料が加えられているからです。まるで工業製品ともいえる食品をつくることに疑問を感じ、有機農家としてオーガニックの世界にシフトすることを決意したんです」

南房総を移住先に選んだのは、当時、交際中だった現在の奥さんがこの地でエコハウスの管理人をしていたからだという。人脈もあったため移住はスムーズで、家も紹介ですぐに決まった。ただし家賃がタダの代わりに、雨漏りをして床が抜けている状態だったものを、大工さんと力を合わせて自分たちの力で改修した。

では、肝心の有機農業はというと、

「1年目は散々なありさまでした。自己流で農法を組み立てたため、作物がまったく収穫できず、わずかに穫れたものを直売所で販売する程度だったんです。結局、1年目はほとんど稼げませんでした。それまでの生活で貯めていた貯金を切り崩す形でなんとか暮らしました。その反省をもって、2年目には本格的に有機農業を学ぶことにしたんです。たまたま知り合った人が南房総市の三芳で有機農業を営んでいたので、ここの農業研修生に応募し、完全なオーガニックで米と野菜をつくる農法を学ぶことにしました」

そんな彼らにとっての転機は東日本大震災だった。雇用主が農業をやめて奥さんの実家に引っ越すと言い出したのだ。

「俺の田畑を継がないかって、いきなり言われたんです。え!! って感じで、心底驚きましたね。借地ではありますがサイズが田んぼ6反、畑8反、1・4町歩(ちょうぶ)という大きさでした。こんなサイズを自分でできるか不安だったものの、これはチャンスだと感じて農園主になることを決めました。それから研修で学んだことをベースに、自分なりの農法を実践して4年目になります。現在は週に2回、定期宅配で自分がつくった米や野菜をお客さんに届けることを生業にしています」

独立して間もないため、のんびりとした田舎暮らしとはほど遠い現状だ。ただし、香料をつくっていた頃と違い、自分がつくったものでお客さんに喜んでもらえることが幸せ。なにより自分の好きなことを仕事にしている毎日に、心から感謝するのだという。

言うまでもなく、彼は実にラッキーである。ご縁で住む家がすぐに決まったことや、思いがけず広大な田んぼと畑を手に入れたこと。そして使わない農機具を譲ってくれるなど、近隣の人に温かく迎えてもらえたこと。彼自身が「本当に人に恵まれていた、ご縁にめぐまれていた」と語る。しかしこうしたケースは、これからどんどん増えていくだろう。農家が高齢化をはじめとする要因で田畑を手放すケースが増えてくることが予測できるからだ。そうした状況を踏まえて田嶋くんは話す。

「今、移住を検討している人がたくさん、僕らの生活を見学しにきます。農で生計を立てたいという相談も寄せられるんですが、僕はいつも『やってみたいで終わらず、一歩を踏み出すこと』と伝えています」

人脈もスキルもない中で踏み出した一歩、一つひとつのチャレンジが今をつくっている。気持ちでとどめず、踏み出すことが人生においては大切で、周りからの支援やラッキーを引き寄せることにつながっていく。だからこそぜひ挑戦してほしい。

田嶋くんのように研修生として、人脈をつくりながらチャンスを狙うのも有効策だといえるだろう。

被災地支援「あわ菜の花隊」を結成

2011年3月11日。日本は東日本大震災に見舞われた。石巻市に拠点を構えるNPO法人の支援要請を人づてに聞き、私と山口ヤスさんは3月22日に石巻に不足物資リストをもとに、カップヌードルや紙おむつをかき集めてワンボックスカーで届けに行った。

私は大阪出身なので阪神・淡路大震災も経験しているのだが、災害のケタが違った。まさに地獄の爪跡だった。

仙台空港の北、若林区では町全体が流されてしまったような光景だった。石巻市でも港

石巻市で音楽イベントと炊き出しをする「あわ菜の花隊」のメンバー

の船が道路まで押し流され電信柱を押しつぶしていたり、田んぼの真ん中まで車が押し流されていたり、本当に信じられないような光景が続いた。

支援団体の拠点になっている石巻専修大学ではNPO団体、ピースボートなどのスタッフが懸命に救助活動を行っていた。モンベルの辰野勇会長も来て、アウトドア義援隊を結成しておられた。

その帰り道の東北道で、私とヤスさんは今後を話し合い、安房地域の資源をもとに被災地を支援する「あわ菜の花隊」の立ち上げを決めた。

安房地域に帰ってすぐに結成集会を行うと、クチコミだけで60人くらいの人が集まった。

それだけでもこの地域のつながりの強さに驚いたが、想像を超えていたのが集まってくる支援物資の量だった。餅、野菜、花など……海と山に恵まれた安房地域の力が集結したような光景だった。初回分はトラック2台、バス2台で物資と音楽を届けた。

それから1年間、毎月、物資と音楽を届けたのだが、あるとき献花が欲しいと被災地の人に言われたのだ。私たちは安房地域に戻ってそれを伝えると、またクチコミで多くの人が花を届けてくれた。

私はこの出来事に、あらためて安房地域の恵まれた環境を思った。ここには自分たちが生活するに困らない資源だけでなく、人々に余裕があることを感じた。そしてその根底には、有事の際にひとつになる人と人のつながりがある。物質的にも、精神的にも豊かであることを実感したのだ。

第5章

会社を開放する

(デジパ再生)

古いシステムを壊す

リーマンショック前のデジパにはマネージャーが5人いて、それぞれが事業を持っていてチーム制をしいていた。その5人を私がマネジメントするピラミッド型の組織だった。クリエイターやエンジニアには職人気質の傾向があり、デジパのクリエイターやエンジニアには管理職になりたいという志向を持つ人は少なかった。それをマネジメントの効率から、ピラミッド型の組織を導入していたことには、常に課題を感じていた。

また常に新規事業を開発していて社内には活気があったのだが、力のついたメンバーが3年スパンで辞めていくことも大きな課題だった。

創業時より「雇われない生き方」「3年で起業」を採用スローガンに挙げていたので、3年という言葉がひとつの呪縛になり、「燃え尽きたので休みたい」「ウェブ以外の仕事がしたい」「安定した会社で働きたい」という理由で人が離れていっていた。

それでも設立5年を過ぎると、新しく入社するメンバーのほうが辞めるメンバーより能力が高かったので、会社は成長していた。

この時代に、管理職はスーパーフレックスで出社義務なし。

クリエイターはデジパのパートナーとして独立して、そのまま一緒に仕事をするという制度をつくり出した。

組織に課題や矛盾を抱えていたが、売り上げと利益が右肩上がりだったので、社内の活気がそれを打ち消していた。

だが会社の規模が大きくなればなるほど課題や矛盾も大きくなり、私自身のストレスも日に日に大きくなっていた。

それでも会社の規模の拡大は自分の器量を大きくすることと言い聞かせて、自分自身を奮い立たせていた。

しかし、リーマンショックの波は余りにも大きかった。

事業売却とMBOを実施したことによって、組織のエネルギーは落ちきった。

そして、組織の弱点と課題が浮き彫りになってしまった。

「雇われない生き方」以外にも「時間と空間を超える働き方を実現する」という企業テーマを創業時より持っていたのだが、私自身は毎朝8時半にオフィスに出社して、決まったルーチンの会議をこなす日々を繰り返していた。

自分がつくり出した会社の仕組みに自分自身が縛られていたのだ。

それは、3度目の起業のときに憧れていたライフスタイルとは程遠いものだった。

なぜ3度目の起業でこの業界を選んだのですか、とよく質問される。

起業に関しては常にニューマーケットに興味があり、それを追い求めた。旧態依然とした業界には興味がなかったからだ。

やはりどこかに社会に対する反骨精神があるからだろう。

もう一つは、インターネットの中に働き方の可能性を見ていたからである。

元来、旅が好きでヒッピーイズム的な要素を持つ性格なので、世界中のどこにいても仕事ができるというライフスタイルに無上の喜びを感じた。そして優れた少人数でパートナー制度を組んで大きな価値を生み出せる可能性を、この業界に感じたのが理由である。

「持続可能な会社にする」という新しい経営方針を語ったものの、私はなんの具体策も持ってはいなかったのだが、売り上げの急成長を追い求める経営に幸せがないことは、過去の経験から理解していたし、メンバーも疲れきっていた。

そこでまずは最初の起業時の憧れに立ち戻って、会社の管理部門を除いて組織を出社義務のないスーパーフレックスにした。

そして会議室に集まって、会議をすることを極端に少なくした。代わりに導入したのが、スカイプによる会議である。ちょうどベトナム法人を設立した経験が活き、社内での遠距離会議が根づき始めていた。

また組織もプロジェクトごとにメンバー配置を行うフルフラットなものに変更した。このような組織にしたら、成長スピードが落ちることは予測できた。しかし、それで構わないと腹をくくった。

常に成長を求める自分の生き方にも限界を感じていた。

振り返ると、今の日本の姿がデジパと類似して見えた。

戦後わずか23年の1968年に、ドイツを抜いて世界2位のGDPを実現するが、毎年3万人を超える自殺者を出し、年金制度の崩壊、1000兆円を超える国債発行残高、変わらぬ産業構造、国民の幸福度の低さなど、国が制度疲労を起こしている姿とダブったのだ。

デジパの制度変更を行って、なにが変化したのか？

以前は毎日がオフィスの会議室での会議漬けだったものが、旅先であったり、南房総でのスカイプ会議に代わることにより、無駄もなくなったし、自由感が出た。

そして、メンバーの幸福度が上がった。

メンバーの拠点移動が始まる

管理部門以外が全員スーパーフレックスになったのをきっかけに、面白い現象が起き始めた。

東京に住んでいたメンバーたちが地方に拠点を移し始めたのだ。葉山に行く者、鎌倉方面に行く者、さまざまである。

通勤時間を気にしなくて良いこと、自宅にいる時間が多くなったことでより居住空間へのこだわりが強まったこと。これらの理由から東京の暮らしを捨て、思い思いの地域へと飛び立ったのである。

いちばん遠くまで飛んだのは、ニュージーランドに移り住んだ西山由利子だった。彼女は、東日本大震災の被災地ボランティアの帰りのバスの中で、あわ地球村のスタッフの清水照恵（通称テルちゃん）に将来の夢を語ったのだ。いつか英語圏で通用するクリエイターになりたいという夢だ。

するとオセアニア在住経験のあるテルちゃんが「人生は一度。好きなことやりなよ」と背中を押してくれたのだという。東京へ帰ると西山は出国の準備をした。

そして一人、また一人、拠点を移していく中で、彼女はついにニュージーランドのクライストチャーチに飛び立ったのだ。

ニュージーランドに飛んだ西山は語学を学びながら現地でデジパの仕事をしていたが、現地で請け負う仕事を増やしていく。いまでは全体の4割がニュージーランドの仕事になっている。

これが夢に向かって生きる者が持つ力なのだろう。

彼女の行動力に驚かされた出来事がもう一つある。

彼女が移住した年に取得していたビザはワーキングホリデイビザだったため、1年の期限つきだった。

移住から1年で切れた際、彼女は労働ビザを取得しようとするのだが、ビザが下りなかった。ビザを発給してもらうのにいちばん確実なのは現地の企業に就職することである。

しかし彼女は、その選択肢を選ばなかった。今のポジションを変えることなく、ニュージーランドで暮らしたいという明確な意志があったからだ。

そのため別の形で存在価値を証明しなければならなかったのだが、現地にコネのない彼女にとって高いハードルだった。

しかし彼女は諦めなかった。では、どうしたかというと、仕事を請け負ったクライアントたちに推薦状を書いてもらい、それをニュージーランドにとって必要な人材と認めてもらうために政府に提出した。

こうして就労ビザの取得につなげていった。

夢に邁進する人には行動力と情熱がある。そして、そのエネルギーが不可能を可能にする。ニュージーランドに行ったことにより彼女は大きく成長した。

パラレルキャリアに関しても、自然発生的に増えていった。

私がすでに二拠点居住を実現し、デジパの仕事とあわ地球村の運営を同時並行で行っていることが刺激になっていたようで、ウェブ以外の仕事をしてハイブリッドに生きるメンバーが増え始めた。創業メンバーで葉山に拠点を移したディレクターの橋口元徳が「すこし高台ショップ」という雑貨屋を開き、新卒入社7年目のウェブコンサルタントの上杉勢太は元社員のさわだ君とともに「YADOKARI」という新しい住み方を定義し、発信する合資会社を立ち上げた。

ほかにも、ビーズ職人としてアクセサリーを売り始める者、イラストレーターとして個展の開催や作品づくりに没頭する者、専門性を活かし、書籍の執筆に邁進する者などが出てきた。

この頃から、ハイブリッドに働く、ハイブリッドに活動するパラレルキャリアを推奨するようになった。

スーパーフレックスは戦略的に取り組んだが、パラレルキャリアは私が南房総との二拠点生活を始めた頃から自然発生的に多発していく。

思わぬ副産物となるのだが、メンバーは、「子供は親の背中を見て育つのですよ」と言う。

とはいえスーパーフレックスということで、同じ社内にいない弊害はある。打ち合わせはスカイプと電話、メールで行うのだが、どうしてもミスが増えてしまうのだ。

原因はコミュニケーションの不足である。身近にいればすぐに確認できることもあるし、相手の反応を見ながら、認識違いに気づくことでミスを防げることもある。

それがスカイプとなると、なかなかクリアできない。

これは、これからの課題だと感じている。

しかし、それでも組織のあり方を変えたことのメリットが勝る。

ニュージーランドに移住した西山と同じく、一人ひとりのメンバーの人間力が格段に上がったと感じるのだ。

いったい、なぜだろう?

人の脳は複数のことを同時に行うほうが働きがよくなるからだ。

デジパの仕事だけに集中するよりもほかのこと、それも自分の興味、関心があること、好きなことをやるほうが、これまで使っていない脳を稼働させることになり、結果として全体の能力が上がるのではないかと思う。

人間の脳で使われているのは3%以下と言われているくらいだから、閉じたままの扉を開くことで活性化されるのだろう。

その証拠に個人がライフワークとして追求する活動にパワーを割かれているにもかかわらず、デジパの業務効率やアイデアが出るまでのスピード、クリエイティブの精度は格段に上がっている。

これは会社の数字にも顕著に表れていて、業績が確実に上がってきているのだ。リーマンショックのタイミングで赤字に転じ、それから2年連続赤字だったのが、メンバーのパラレルキャリアが自然発生し始めた3年目に黒字化し、確実に黒字幅が上がっている。

そしてもうひとつ、効能があった。

私のストレスが大きく軽減されたのだ。

社員の幸福指数を上げるということは、ひるがえって経営者である私の幸福指数を上げることとイコールだった。これは思わぬ気づきといえる。

たとえばどこの組織でも言えることだと思うが、立場が異なる職種間には垣根ができる傾向がある。デジパでいえば制作と営業は仲が悪い。利益が相反するからだ。

当時はその垣根をとろうと、ものすごく努力をしていた。組織のひずみ、矛盾を修正することが自分の大きな仕事になっていた。

自分でつくった組織のひずみに振り回されていたのだ。

それが組織がフラットになったことで、マネジメントの必要がなくなった。

私とメンバーの関係性も大きく変わったと感じる。

マネジメントのストレスから解放された今、私はときどき、ここまでラクな経営者がいていいものだろうかとさえ感じる。業績も上がり、ストレスもなくなり、事業とは別に追求するライフワークがある。どれほど多く稼いでも満たされなかった心がようやく解き放たれたように感じるのだ。

ウェブディレクター橋口元徳の場合

私がNPO法人あわ地球村の活動を開始したのと時期を同じくして、周囲にもライフワークを追求する動きが生まれたことは先述した。デジパ創業時から一緒に仕事をしている橋口元徳の場合はウェブディレクターと二足のわらじを履く形で、ちょっと変わった雑貨ショップを営んでいる。

店名は「すこし高台ショップ」。名前のとおり高台にあり、不定期で営業しているたくさんの植物と鉢、日常の中でちょっと心が弾むようなニットバッグ、アクセサリー、雑貨などを販売していて、普段づかいの雑貨を探すのはもちろんだが、気持ちの良いこの界隈を散歩がてらのひまつぶしにちょうどいい。

またそこに至った経緯を、彼は次のように語る。

「6年前に結婚し、横浜市内から葉山に引っ越したんです。葉山ってアーティストがたくさん集まっている地で、葉山芸術祭というのを毎年やっていて。僕の妻はイラストレーター、友人の奥さんがニット作家ということで、僕らも参加してみようということになったのがショップを開いたきっかけです。僕の趣味である植物も並べ、自宅を開放する形で販売したら評判が良くて。このまま閉じてしまうのはもったいない、月に1度くらいのペースで不定期に継続させようという話に。今年で5年目になりますね」

本業とライフワークの両立、普通に考えれば忙しさは前と比較にならないはずだが、自分のペースをコントロールできるようになったと言う。

「葉山に拠点を移したことも大きいかもしれませんが、前よりも自分のペースをコントロールできていると感じます。東京で仕事をしていたときは、なにかに追いかけられている感じがありました。それが、今はまったく感じない。おそらく切り替えができているのだと思います。現在はウェブスクールの講師の仕事やデジパの仕事で、週に2回ほど東京に行きますが、その距離感が理想的なんです。東京で刺激をもらって帰ってきて、葉山では完全に切り替わって、本当の自分として生きている実感があります」

そう語る彼は、デジパのメンバーに対しても感じることがある。

「デジパを見ていて感じることですが、リーマンショック以降、桐谷さんの思考が変わったのをきっかけに、メンバーも会社に縛られない生き方を選択するようになった。それぞれが、自分らしさを追求することで地に足をつけて生きている感じが伝わってくるんです。

すごく、いいなぁと感じます。そんなデジパは、僕のような生き方を選択している人間にとっては居心地がいい。同じように感じている人は多いはずで、そうした自由で開放的な関係性の中から世の中に新しい価値を創造できるのではないかと感じています」

ウェブプランナー上杉勢太の場合

新卒入社7年目の上杉勢太はパラレルキャリアを選んだきっかけを、次のように語る。

「私は桐谷さんがＮＰＯ法人あわ地球村や複数の会社を立ち上げ、二拠点居住をしながらパラレルキャリアを追求する姿に触発されました。もともと興味のあった住まいや暮らしにまつわる活動を元デジパ同僚のさわだいっせい氏（現ＹＡＤＯＫＡＲＩの共同代表）とともに構想したんです。そこから〝住宅のダウンサイジング・多拠点居住〟というコンセプトに至ったのは、世の中の住まいに対する考え方が大きく変わってきているのを肌で感じていたためです。それは若者の価値観の変化とイコールで、彼らは４０００万円のマイホームのために、35年ローンを払い続けるか、賃貸で高い家賃を払い続けるか、の二者択一しか選択肢がないことに疑問を感じていました。住まいのあり方や選択肢がもっと多様であってもおかしくない。

そう思い、世界に目を向けると、アメリカのタイニーハウスムーブメント、北欧の夏の家、デンマークのコロニヘーヴ、ロシアのダーチャなど、ステータスシンボルとしての住宅ではなく心や体のバランスを取ったり、家族や仲間とのつながりを大事にしたり、本質的に豊かな生活を送る暮らしの選択肢が充実しています。しかし日本は時代がその感覚に追いついておらず、バブル期となんら変わりなく、スクラップアンドビルドで家を建て続け、投資としての不動産神話がまかり通っている。そんな現状に疑問を感じていたんです」

そうした思いから始めたのは、未来住まい方会議をプロデュースする「YADOKARI」である。ミニマムライフ、多拠点居住、スモールハウス、モバイルハウス、コンテナハウスを通じて暮らし方の選択肢を増やし、「住」の視点から新たな豊かさを定義し発信するプロジェクト。主な活動はライフスタイルメディアの企画・運営を主軸に、空き家の再生・リユース斡旋、暮らしに関するイベントワークショップの開催、住宅・店舗のリノベーション、物販等々を行っている。

またYADOKARIには建築士、プロダクトデザイナー、編集者等々を含む登録サポートメンバー800名、編集者、ライター50名から構成されるYADOKARIサポーターズがさまざまな活動を自らの専門知識や技能で支援する。各方面で注目され、新聞などのメディアで紹介されることも増え、忙しい毎日を送っているようだ。

にもかかわらず、彼もまた橋口と同じように、以前よりもコントロールできる時間が増えた。

「パラレルキャリアを実践して、正直かなり忙しいですね。でも、自分でコントロールできる時間が増えたのは確実です。TVをダラダラ観る時間、意味のない会議、接待や会食で消えていく時間。そうした無駄を徹底的になくす意識が芽生えたことで、人生を主体的に生きている手応えを感じます。その分、平日休日にかかわらず、どんどん未来へ向けた活動に時間を投下するようにしています。コントロールできる時間が増えたことで仕事だけでなく、家族と一緒に過ごす時間が増えたことも嬉しいですね」

そうした実体験を通して、上杉は確信している。

「パラレルキャリアを追求する人は今後も増え続け、スタンダードになるでしょう。一つの会社に依存することのリスクを、若い人たちは感じていると思います。会社が倒産した途端に、生活の術(すべ)も人とのつながりも、すべて崩壊してしまう。前が見えない時代だからこそ、セーフティネットとして自分の居場所を複数確保し、人とのつながりを多層的に増やすことを模索する人が増えていく。これらはネガティブな選択ではなく、合理的な選択だと思っています」

さらに彼は語る。

「今後、働き方や組織のあり方は、ITインフラの発達により選択肢が増えていくと思います。ソフトバンクも東日本大震災を受けて、災害時でも業務、事業を継続させることとオフィス消費電力を目的に、グループのほぼ全社員である約2万人を対象に在宅勤務を導入している。またIBMも震災前から在宅勤務の取り組み「eーワーク制度」を奨励している。デジパはノマドという言葉が浸透する5年くらい前から出社義務をなくし、会社をオンラインでつなぐ仕事の仕組みをつくり、解放しているという点で先を行っていると感じます。紆余曲折はありましたが、みんな自分のペースをつかんでいますしね」

最後に上杉は、私に生じた変化についても鋭く語ってくれた。

「パラレルキャリアの効能は、桐谷さんがいちばん感じていることだと思います。以前と比べ、地に足がついた穏やかさを感じます。株式上場を目指し会社を拡大し事業利益を追求することが、必ずしも社員の幸せにもつながらないことを深いところで理解していたのでしょう。それにもかかわらず、無理に敢行している印象がありました。今、思うと私も含め社員の皆が、まだまだ拡大志向になんら疑問を持っていなかったからだと思います。そんな板挟みの中、事業経営とは相反する農を始め、自然に触れることで心と体のバランスを取り戻していったのだと思います」

新しい社内ビジョンは「メンバーの夢が実現する会社」

いい会社とは、「自己実現できるスキルを身につけることができる会社」だと考えている。いま新卒で3年以内に就職した会社を辞める人が3人に1人以上である。新人社員にその理由を聞くと、「私たち世代は、我慢強くないのではと感じるのです」と答えた。

それはあるかもしれないと思うのだが、ひと昔に比べて会社から求められる成果を出す難易度が高くなっているのも事実なのだ。

私の新入社員時代は、1日に100件の電話営業をして1週間で5件の新規アポイントを訪問、月に3件の契約獲得が目標だった。当時、このとおり行動すれば9割の新人が目標を達成していた。会社によって違うだろうが、今はどうだろうか？

会社に与えられたタスクに沿って行動して9割も達成することが今も通常なのだろうか?

タスクが異常に厳しくなっている企業も多くなっている。ブラック企業なども今のキーワードだ。多くの企業が管理経営のやり方では成果が出せなくなってきており、そのしわ寄せが従業員に向かっているように私には見える。

私は管理経営全盛の時代の新入社員で終身雇用制度の最終入社組だったので、中途採用で都市銀行や大手メーカーには転職できなかった。

転職イコールキャリアダウン世代である。

そして会社の年間目標が達成すれば社員旅行があり、運動会は家族総動員で参加。会社と家庭の関係性が近くて、会社の目標達成と社員の自己実現の像のオーバーラップゾーンがイコールに近かった。当時は、そのイコールを求める会社すら存在した。社内結婚、社内融資によるマイホーム購入の全盛時代だ。

現在、会社の目標と社員の自己実現の像のオーバーラップゾーンの面積が狭くなってきている。

課題は、企業目標と交わらない社員の自己実現のゾーンをどう取り扱うかである。ここには時代背景もある。

たとえばベトナムの場合では社員旅行に行くとなると、みんな異常に喜ぶ。わずか300キロメートル先のリゾート地にすら行った経験のない人が多いからだ。ここに成熟社会となった日本との違いを感じる。

また、創業者の会社に対する意識も昔と比べたら変化している。

現在70代の経営者を見ていると、会社イコール自分という価値観を持つ人が多いことに気づく。

命がけで人生のすべてを会社に捧げた生きざまには尊敬の念を持つ。だが、私にはそうできない。

会社の目標と自分の自己実現の像のオーバーラップゾーンが一番イコールに近いのは、創業者である自分である。しかしイコールではない。

そして、そのイコールではないゾーンも私は大切にしている。

たとえばNPO法人あわ地球村での活動は、デジパのミッションとしてはほとんど関係しないが、私の個人ミッションとしては重要事項だ。

私の世代の経営者は、あきらかに70歳代経営者と会社に対する意識は違う。30歳代の経営者は、さらに違うものを感じる。

これからの時代は20歳代の労働者人口が減少するので、新人を採用できない企業は会社を継続できなくなる可能性が出てくる。

2012年に15歳から29歳の労働者人口が1125万人なのに対して、2030年には930万人に減少する（労働政策研究・研修機構調査）。約20％減少の計算だ。

求める人材を採用できる力、育成した人材が定着する力がこれからの企業にはさらに求められる。

これからの会社経営の方針として、会社の目標達成だけを追いかけるのではなく、社員の自己実現を応援するという姿勢が必須になってくると私は感じている。

今のハーバードのビジネススクールでは、「グローバリゼーション」は過去の考え方であり、これからは「地域貢献」できる企業が生き残ると教えている。

経営理論が変わってきているのだ。

「メンバー一人ひとりの幸福度を上げる」には、会社の目標と社員の自己実現においてオーバーラップしない部分にも光を当てようと決めた。

そこでできたのが社内ビジョンである。

「メンバーの夢の実現を応援します」

そこから研修にも見直しを加えた。

これまではデジパの成長に向けた課題を話し合い、解決することを研修の目的としていたが、それを個人のなりたい姿にフォーカスし、どう実現するかを考えるプログラムに変更したのだ。

特に、新入社員は最初の2年で自分らしく生きるための基盤づくりを集中的に行う。その間は出社の義務があり、それを超えるとスーパーフレックスが適用されるので、その間に自分のなりたい姿を模索しつつ、技術も身につけるのだ。

私が毎回、研修講師の役目を果たす。これが、今の私の大きな役割の一つだ。

ベースとなるのは、週に1度行われるクレドミーティングだ。

月曜日の10時から行うのだが、これには理由（わけ）がある。この時間はたいていのビジネスパーソンが本調子を出せていない。週末の余韻もあって、仕事にシフトできていないのだ。下手すれば、夕方からギアが入るという人もいるだろう。そうした理由から、月曜日の10

時に定例の研修を行う。頭と気持ちにスイッチを入れる儀式としても機能する。

まず仕事やプライベート、メンタルのことも含めて、全員で先週あったことをシェアリングする。言語化を通して自分の状況を自覚するとともに、仲間の状況を知ることで自らの成長に必要な刺激とする。

その後は15の行動指針クレドのうち二つを選び、それをテーマにディスカッションをする。

たとえば先週のクレド研修では、「エネルギーの高い場をつくる」というテーマについて実践した内容を発表し合った。

入社3年目の木下美央から「週末に友だちと旅行に行ったのですが、一人だけ不機嫌な友だちがいたんです。なにか嫌なことがあったみたいで、それを引きずったまま参加していることで、彼女だけでなく一緒にいた仲間のテンションも下がっていました。そんな彼女を見て『自分の機嫌を取るのは自分』を思い出して、ドライブインで『散歩でもして気分転換をしたらどう？』と相手にアドバイスしたことで場の雰囲気も良くなったし、実践できた喜びがあります」という発表があった。

このようにクレドを机上の理論として崇め奉るのではなく、生きた言葉として日常のすみずみに浸透させ、実践していくことで、なりたい姿を実現するマインドを醸成していくのだ。

また年に2回は、伊豆で二泊三日の社内合宿を行うようにした。

ここでも、会社の課題はいっさいテーマにしない。やはり個人の成長、なりたい姿にフォーカスする。

プログラムはエニアグラムというアメリカで最もポピュラーな人間学、心理学を取り入れている。

エニアグラムという言葉はギリシャ語で、「エニア」は「9」、グラムは「図」を意味する。つまり、「9の図」という意味で、その名前のとおり、9つの点を持つ円周とそれをつなぐ線から生まれる図形がベースとなっている。

もともとは宇宙万物の本質を象徴するもので、古代ギリシャ、古代エジプトに起源があり、そこから派生して1960年代のアメリカで精神医学者や心理学者が発展させ、世界各国に広がったものである。

エニアグラムが目指すものは、自分を理解すること。「改革する人」「人を助ける人」「達成する人」「個性的な人」「調べる人」「忠実な人」「熱中する人」「挑戦する人」「平和をもたらす人」の9つのタイプから自己理解に導くのだ。

そしてもう一つの目的が、深い自己理解と自己受容があるからこそ生まれる他人への理解である。

つまり自分の中のなにを伸ばすのか、また改めるべきかを知ることで、成長の仕方や自分の活かし方、自己実現への道筋が見える。さらにそれだけでなく己を深く知ることが、結果として他人の理解と受容に導き、より良い関係を築くことにつなげていくプログラムである。

研修講師にはエニアグラムの第一人者であるアメリカ人のティム・マクリーンと、彼のパートナーの高岡よし子さんを迎えている。

デジパの新しい採用コンセプトは、「2年でウェブクリエイターとして独立」

持続可能な会社にすると決め、スーパーフレックス制の導入やパラレルワークの推奨をしたことはすでに述べたが、採用においても大きく舵(かじ)を切った。

現在は最初から独立の意志がある人を採用する仕組みもつくり出した。雇われない生き方を提唱し、2年で独立するという前提の人の採用を2014年から開始した。

2年後はパートナーとして独立して、一緒に仕事をするというスキームだ。

人材を輩出するという点では、持続可能な会社と矛盾する印象を持つ人もいるかもしれないが、雇用する側と雇用される側という関係性がすでに古いのではないかと考えているのだ。

雇用という形態を超えて、志でつながる組織、それぞれが自由にやりたいことに邁進しながらもチームとしていつでもコラボレーションできる関係性を目指したいと考えている。

それで言うとデジパは創業13年だが、すでに8名が起業している。過去には入社2日目で新規事業を提案し、自らグループ会社の社長となった者もいる。

すでに述べたように、デジパで得たスキルを使って自己実現した者も多いのだ。

だからこそ、あらかじめ独立を視野に入れたうえで、同じ志を持つ人材を集めようと考えたのだ。

なぜ8名も起業したのですか？　と多くの人によく聞かれる。

私は常に経験やスキルではなく、自立心の強い人間を採用するようにしている。依存心が強い人が苦手なこともあるが、ノウハウは後追いで教えられても、マインドを変えるのは難しいと考えているからだ。

先に述べた岡崎史の話を思い出してほしい。彼女は新規立ち上げの会社や事業を渡り歩き、いずれも成功させてきた過去を持っていたが、その彼女に「桐谷さんの経営は、権限委譲を通り越して、もはや放置プレイ」と笑われた話だ。

世の中に権限委譲を掲げながら、実際は任せることのできないジレンマに陥っている経営者は多い。権限委譲して任せてみても失敗することは多い。それは数字的には企業の損失になるのだが、任せられた人にとっては大きな経験となり資産となる。要するに、子どもの教育と同じで、失敗なき人の成長はないのである。

あとは、**経営者が長期的利益を選ぶか短期的利益を選ぶかの違いになる。**

また多くの経営者は自立心が強い人が欲しいと言いながら、自立心の強すぎる人間は採らない傾向がある。マネジメントで苦労すると予測し、コントロールしやすい人間を採用するのだ。さらに自立心の強い人は、独立してお客さんを持っていく可能性もある。

幸いなことに、私にはそんなトラブルが一度もない。

人との別れ方と普段の付き合い方が大事だと考えている。

しかし自立心の強いメンバーを集めると、組織をまとめづらいのは事実である。

創業5年目の幹部合宿では幹部の意見をまとめきれずに、経営方針が曖昧だった私に対して、

「桐谷さんは、何を考えているのですか？」

と、幹部に吊るし上げられた経験を持つ。

普通は社長をここまで吊るし上げないだろうと思ったのだが、責任は自立心の強いメンバーを採用し続けた自分自身にある。

どんなタイプの人と一緒に仕事をしたいのかを決めることが重要だ。自分の性分のためか、社会適合性の低い人物や社会のルールやレールから逸脱するような人生を歩いてきた人に惹かれる傾向がある。

そのため面接では、過去の歴史に最もフォーカスする。人生でいちばん大変だったことはなにか、それをどうやって乗り越えてきたか。その人のポテンシャルは、そうしたエピソードから感じとれることが多いからだ。

ただ採用にあたって経営者の役割は、見極めることだけではないと思っている。会社との相性を見極める、適性を見極めることなら、社歴のあるメンバーならできる。うちの会社に独特の文化があり、スーツにネクタイで面接にくる人はたいがい合わないという前提

は抜きにしても、入社2年目のメンバーでも見極められると思っている。

では、経営者の役割とはなにか。

それはデジパという会社の適性者が、好きになってくれる風土や仕組みをつくることだ。

最強の組織をつくるために「トンガッタ採用コンセプト」（企業コンセプト）をつくる。


以下は、社内共有したアーリーステージ時代のデジパの採用戦略だ

採用コンセプトコピー
「雇われない生き方、時間と空間を超える働き方」
「マネージャー以上は出社義務なし」
「20代の社長をつくっていく」
「ガリンペイロ制度で誰でも新規事業参加」
社内制度
- スーパーフレックス
- 独立支援制度
- ガリンペイロ制度

採用する人材の必要資質

●デジパの風土が好きで共鳴できる
●自立心が強い
●ストレス耐性が高い（達成経験を多く持つ）

採用の基本は採れる人ではなく、採りたい人を採る。

デジパが採用したい人物は、間違いなく他社でも欲しい人材だ。その前提にのっとって、採用できる仕組みをつくることが経営者の最も尽力すべき仕事だと思っている。

またメンバーの採用においては、仕事に対する考え方やスタンスを重要視する。

たとえばデジパはスーパーフレックスで出社義務がないので、確かに自由は確保できるが、極端な自己管理能力が必要とされる。同じフロアで上司、後輩がいる環境のほうが好きだというタイプの人はやはり多い。

その人の仕事に対する考え方とスタンスが合えば、あとは簡単である。

その人が好きと感じるものを、徹底的にやらせるのだ。この職種が好き、この技術が好き、そこを重視する。

今年、採用したデザイナーの新人は、２年後にロンドンで仕事をすることを目標にしている。

もうひとり、マークアップエンジニアとして採用した新人は、奥さんと子どもを大阪に残して単身赴任でやって来た。大阪では技術レベルが満足できる会社がなかったので、デジパで2年修業し、その後にデジパのパートナーとなって大阪で仕事をするつもりだという。

二人ともビジョンが明確で、会社に依存する気持ちが少しもない。とことん自分らしく生きるために、デジパでやろういうスタンスを私は買ったのだ。

もちろん、こうした人材との出会いに向け、採用広告でも明確な訴求をしている。ビジョンと提供できる環境を明確に指し示しているのだが、キーワードとして「雇われない生き方」「ハイブリッドに生きよう」というメッセージを戦略的にちりばめているし、実際のこの環境を通じて独立、起業した元メンバーや仕事のほかにライフワークの活動を追求しているメンバーの実例を紹介している。

こうしたスタンス、取り組みが創業から8名の人材を独立させた結果につながっている。

ネッツトヨタ南国の横田氏も著書や講演会で言っているが、ブレない採用コンセプトが大事である。

日本の未来をつくる組織とは

デジパが再生して感じることがある。

それは経営者のこれからの仕事は、新しい組織づくりを常にやっていくことではないかということである。

そうした中、一人ひとりが「生きるうえで本当に大事なもの」を見つめ直す必要があると言える。その牽引役となるのは経営者であり、大事なものを見い出す場として会社があると考えるのだ。

私は、株式会社という組織そのものが古くなってきていると感じている。

日本で最初の株式会社は、坂本龍馬が幕末の１８６０年代につくった「海援隊」と言われている。日本では約１５０年の歴史である。

その仕組みの限界が訪れている。

新しい視点を入れて、概念そのものを変革する時期にさしかかっているのではないか。

日本をめぐる旅の中で、そう感じた。

そもそも株式会社が目指すものは株主利益の最大化である。

しかし現代では株主に利益を還元し株主が利益を吸い上げてしまうと、社員に行き渡らない。

常に高いパフォーマンスを求められながらも見返りがない。だから多くの社員が疲弊し、会社はまわらなくなっていく。デフレが長く続いた日本で多くの大手企業が次に選択したのは、非正規雇用で労働力を確保しようとする政策だ。

限られた正規雇用の社員は仕事が集中し、ますます疲弊し、うつ病が蔓延し、企業がさらに不健康になるという悪循環に陥っているように感じる。株主利益を追求し続ける限り、このスパイラルが続くだろう。

では、未来型の企業とはどのようなスタイルなのか？

私は、ギルド的な組織が生まれ始めると考えている。

そして、働く人が自由であることが基本となると思う。

誰もが通勤時間はストレスだし、非生産的な時間だと感じている。エネルギー的にも無駄だし、自然環境にも負担を強いている。

こうした通勤から解放され、それぞれが自由に、とことん自分らしく働ける環境に優秀な人が集まる。結果、その組織の成長につながっていくのではないか、そう感じるのだ。

オフィスに全員が同じ時間に集まる習慣をなくす。近年、インターネットインフラの整備、ウェブサービスの拡充により、東京でなければできない仕事は少なくなっている。それなのに、他県から同じような時刻に満員電車で通勤するエネルギーは無駄である。

そして東京という選択肢だけではなく、首都圏近郊も含めた居住の選択が可能になれば、人はもっと豊かに生きることができるだろう。

ちなみに南房総市の空き家の率は22・3％で、全国の市でワースト8位となっている。高齢化、過疎化によって、今後さらに高くなっていくと予想されている。

一方で東京では、タワーマンションの低層階でも5000万円以上もする。東京で暮らさなければ仕事が成り立たないという現状が変われば選択肢が増え、幸福度は上がるはずだ。

第6章

自由に生きる人を増やしていく（日本の新しいハッピーをつくる）

海士町は日本の縮図

東京と南房総との二拠点居住が、軌道に乗り始めた2012年春のこと。

その頃、気になる町があった。どうしてもこの目で見ておきたいと感じる町である。

隠岐諸島にある海士(あま)町だ。

人口2400人、高齢化率39%の海士町に、5年半で230人の若者がIターンしているというのだ。

人口が減り続ける中で、若者をいかに採用するかが企業の大命題となっているのは言うまでもない。採用力がない企業はどれだけ秀逸なビジネスモデルを持っていようと、存続できない時代にさしかかっている。

そうした中、過疎化していた海士町が230人もの若者の移住に成功した取り組みには、日本の将来を考えるうえで有効なヒントがあるに違いないと感じたのだ。

羽田空港発6時50分の飛行機に乗り、米子空港着が8時5分、そこから七類(しちるい)港へ移動し9時30分発のフェリーに乗る。

約3時間、船に揺られ海士町のある菱浦港に着いたのが12時30分、約6時間の旅。時間だけを考えたら海外に行くようなものである。

海士町は、小泉政権時代の地方交付税大幅カットにより財政破綻の危機に陥った。図書館がなくなり、中学校もなくなった。人口はどんどん流出し、限界にきていた。このままでは海士町は存続できないと危機意識を募らせた地元の人たちが新町長に山内道雄氏を担ぎ上げ、彼の采配のもと行政改革、産業改革、移住政策を次から次へと打ち出して再起を果たしたことで知られている。

まず、2005年に町長が50%、職員が16〜30%の大幅給与カットを実施し、役場の意識改革、住民の意識改革をスタートさせた。

また地域を活性化させるために、役場に企業の経営論理を持ちこんだ。移住者に来てもらうために、土曜、日曜日も相談窓口を開くなど、きめ細やかなサービスを実施している。

再生の旅で日本のさまざまな地域を訪れた身としては、この対応がどれだけありがたいものか痛感している。移住者誘致を掲げながら、週末は対応していない役所ばかりなのだ。週末を利用して移住先を探す者にとっては非常に痛いことだ。もっと言えば、無理をして役所が開いている平日に訪ねてみても、俗にいう役所仕事で親身に相談にのってもらえないことも珍しくなかった。農地を探したときも、たらいまわしを幾度も経験し、その後のフォローも皆無だった。

それに対し、海士町では徹底した移住者誘致を行っているのが印象的だった。山内町長は、「町を活性化させるためには『**よそ者と若者とバカ者**』が必要だ」と明言しているように、移住者誘致に本気で行動しているのが伝わってくる。

ちなみになぜ、よそ者が必要かと言えば、よそ者は地元の人間が気づかない外の目を持っていることだ。

そして**若者は、若さというエネルギーを持っている。**

さらに**バカ者は、強い思い、破天荒な発想、熱烈な実行力を持っている。**

だからこそ「よそ者と若者とバカ者」が町の活性化に必要なのだという山内町長の考えである。なるほどなぁと納得できる。

こうした取り組みが奏功し、山内町長をはじめとする町人たちの施策は数々の成果を挙げている。

たとえば外の目を持っているよそ者を起用した海士町商品開発研修制度もそのひとつだ。島民が当たり前に食べてきたサザエを使った「サザエカレー」を商品化。年間3000

万円の収入につなげる商品開発研修生が生まれたり、東大を卒業したUターン者とともに島の伝統的な塩づくりを復活させ、海士町ブランドの塩として「海士乃塩」を商品化して都内の高級ホテルに出荷する事業を立ち上げる若者が出たりといった成果につながっているのだ。

また、よそ者の目で検討して導入を決めた、特殊な冷凍技術によって養殖岩牡蠣（いわがき）の出荷にも成功している。

海士町の「島留学」のポスター

さらに「島留学」というスローガンのもと、教育改革も行った。

これまで海士町で勉強ができる人は他の地域に学びに出ていたが、講師を招き入れて教育水準を上げたのだ。海士町から早稲田をはじめとした難関東京六大学に行く人が増えたことで、これまでと逆転現象が起き、島に学びにくる人が増えたのだ。講師は現役経営者やZ会で教鞭をとっていた人たちで、島のビジョンに惹かれ、保証された立場を捨てて島に移ってきたという。歯車ではなく、自分の理想とする教育がしたい、そうした想いで集まった人たちで、20代のよそ者講師が朝の6時から英語教室を開くといった活動を続けている。

また、現役経営者の藤岡慎二さんの活動も象徴的だ。夢をいかに実現するかのビジョンセミナーを開いているのだが、企業の研修などに使われるプログラムを島から未来に羽ばたく人材に向けて提供しているのだ。

このように「よそ者と若者とバカ者」とともに、「島をまるごとブランド化」というスローガンのもとで行った改革は4年で効果を生み、情況が好転したのだ。

私は海士町に日本が目指すべき未来のヒント、日本の縮図があると感じ、この町の成功体験こそ自分が追求する持続可能な社会、国に頼らない生き方のヒントになると感じた。

そこでIターンでやってきた若者にできるだけ会い、どのような人物がどのような目的で島を訪ね、最終的に海士町に移住することを決めたのかを聞いてまわることにした。

まず、移住者で「巡りの環㈱」を起業された阿部裕志さんと信岡良亮さんの会社を訪ねた。

事業内容は、メディア事業（海士Ｗｅｂデパート）、教育事業（海士から学ぶ研修事業）、地域づくり事業（地域イベントの運営）の３本柱である。

阿部さんはトヨタ自動車から、信岡さんは東京のＩＴベンチャーからの転身だという。

彼らに「なぜ海士町にきたのか？」という質問をすると「海士町には50年前にあった日本の自然と、高齢化率39％という50年後の日本の未来図、その二面を併せ持つ環境があります。日本の縮図のような環境のもとで、自分たちの仕事の成果が島の活性化の一助となっていることに喜びを感じるのです。大手企業に勤めていると良い面もありますが、自分の成果が目に見えにくく、どこまでが企業人の顔で、どこからが本当の自分なのか分からなくなるときがありました。海士町にいると限りなく本当の自分でいることができるのです」と答えてくれた。

私も会社を経営する中で、自己の分裂を感じていた。拡大路線でひたすら上を目指す自分。その生き方に疑問を感じ、痛みを抱えながら生きている自分。異なる自我を統合したいという欲求が、私を今回の旅へと駆り立てた。

私にとって非常に納得できる話だった。

またソニーから転身して、教育委員会の職員を務める岩本悠さんにも同じ質問をした。

2006年から海士町では、中学校を対象に教育委員会が出前授業を主催している。都会の大学生や起業家を講師として招くのだが、その第1回目の講師として招かれたのが岩本さんで、それをきっかけに海士町にIターンしてきた。

岩本さんは現在、県立隠岐島前高校の魅力化プロジェクトと、自身も講師を務めた出前授業を、今度は講師と生徒の交流を促進するコーディネーターの立場で担っている。

離島の中で人づくりに関わることで、持続可能な地域づくりに貢献できると感じたことと、町職員も議員も一般島民も新しい考えに興味を持ち、チャレンジしようという風土に魅力を感じたことが移住を決めたポイントだと答えてくれた。

今回、話を聞かせてもらったIターンの若者たちは、いわゆる高学歴で有名企業に在籍していた経験を持つ。つまり、どこの企業でも採用したがるような人材である。あるいは、20年前ならベンチャー企業を立ち上げていたかもしれない人材だ。

私は、そんな彼らが離島の限界集落寸前の海士町を選んだことは非常に興味深く、日本の人材の流れが大きく変わってきているのを感じた。

また彼らに共通していたことは、海士町を通じ、日本再生の雛形(ひながた)をつくりたいという意志だ。そこに自らの存在意義を見い出そうとしている。自己顕示欲のあり方、彼らにとっての〝カッコいい生き方〟の基準が変わってきているのだ。

そんな彼らを惹きつけたのは、新しいものにチャレンジしようという島の風土だ。会社に置き換えれば、社長のポジションである町長がしっかりとビジョンを描き、訴求したからこそ優秀な人材が集まってきたのだ。そのうえで優秀な人材に好きなことをやってもらえるよう、徹底した権限委譲を行った。その点に、海士町が再起を果たした成功要因があると言えるだろう。

今の時代は何もしないことがリスク

半農半Xの人、田舎暮らしを実践する人を紹介させてもらったが、彼らのような生き方を選ぶ人は間違いなく増えるだろうと感じる。

そう推測する理由はいくつかあるが、分かりやすい例で言えば「ノマドな生き方」というフレーズをよく見る。

ノマドとは北アフリカの砂漠や中央アジアの草原で、羊や牛を追って生活している遊牧民のことである。ただ最近ではオフィスのない会社、働く場所を自由に選択するワークスタイルの実践者という意味合いで使われることが多い。日本国内でも増加の傾向にあり、メディアが頻繁に取り上げるので、目にしている人が多いだろう。

ノマドという言葉を私が初めて聞いたのは、2008年にジャック・アタリが書いた著書『21世紀の歴史』(作品社)だった。

その第5章で国家の弱体化と地域紛争の続発を予測し、国境を越えて世界を自由に行き来する層が生まれると書いてあった。確かに私の周りでも2009年を境にシンガポール周辺に移住する日本人が増え始めたと記憶している。彼らはまさにノマドと言われる人種で、日本という国境を越え、自身が創業した会社さえも売却し、羊や牛を追いながら生活する遊牧民のように生活するビジネスチャンスを模索しているのだ。

また大企業から独立してフリーランスとなり、ノマド的な生き方を実践する人も後を絶たない。ウェブ業界でもその傾向は顕著で、大手企業のマネジャークラス、間違いなくキーパーソンである階層から実践者が出ている。かつては役員を目指すか、同業にヘッドハンティングされるかといったポジションの人々が、働く場所や時間を自由に選択できるノマド的な生き方を選ぶようになっているのだ。

ジャック・アタリの著書では、同時に既存の職業や組織にしがみつく層も増え、彼らの所得は減少化していくとも書かれている。その傾向はアメリカでは2005年以降に顕在化し、日本も後を追う形となっている。

2007年に私がベトナムにオフショア開発の会社を設立したときには、アメリカでは年収6万ドルの弁護士、エンジニアがこぞって職を失い、その仕事がフィリピン、インドに移動していたのを目の当たりにしたものだ。そのときルーチンワークを担う人材を日本で採用しつづけることのリスクを感じた私は、日本法人とベトナム法人をつなぐスキームを考えたのだった。

「ノマドな生き方」をする人の出現は良きにしろ、悪しきにしろ、グローバル化が生み出した結果と言えるだろう。企業にとっては、キーパーソン的な人材がノマド化して流出する可能性が強まっている。ノマド化した人材を流出させないために、慌てて業務委託を結ぶ企業も出始めているほどで、企業が優秀な人材を縛ることができなくなっている現実を物語っている。

しかし「ノマドな生き方」を実践する人にとっては、選択肢が多くなってきていることは間違いない。毎朝満員電車に揺られて決められた時間に、決められた場所に行く必要はない。時間、場所、収入を自分で選べるようになったからである。

今後、大企業がより合理化を目指して合併や買収を繰り返す一方で、ノマド層が増え続けて新たなる組織形態が生まれるであろう。

今の時代は変化が激しいので、何もしないことがいちばんのリスクである。

少し視点をずらして見れば、**国境にも縛られない自由な生き方**ができる時代なのである。

ココロザスを起業

人生の新たな生き方を探してたどり着いた、東京と南房総との二拠点生活も今年で5年目。米に加え味噌と醤油を自給し、コミュニティもできて自分自身の生活も落ち着いてきた。最初に描いていた独立国家の構想には遠い現状ではあるが、一歩ずつ実現できるイメージができてきた。

デジパに関しては会社の業績が黒字に転じた後に、その伸び幅が年々上がっているのだが、メンバーや卒業生の活動が各方面で話題になっている点が興味深い。

「ＹＡＤＯＫＡＲＩ」の上杉であったり、「すこし高台ショップ」の橋口がメディアで取り上げられたり、アーキテクトの専門書を執筆しているメンバーもいる。海外進出のプラットフォームサービス「Dejima～出島～」を創ったResorzの兒嶋裕貴や、〝目利き方〟の定期販売プラットフォーム「Box To You」を運営するGrowの一ツ木崇之も業界で注目を浴びている。

こうした状況を受け、私は新たなプロジェクトを始動することを決意した。

2013年、設立13年で8名の起業家を生み出したデジパの成功体験を基盤に、社会の課題を解決する起業家を育成する会社を立ち上げた。

「ココロザス」である。

2030年までに、新しく100名の起業家を誕生させることを目標に掲げて活動を続けている。

日本はこれから新しい進化を遂げると考えている。基礎技術の高さ、伝統的な技能、深い文化、高いホスピタリティ、美しい自然環境など、どれをとっても日本は世界の国々が憧れ、注目する国だからだ。

たとえば、日本古来の食材の価値である。

広島の原爆で被爆された人は、味噌や豆腐、玄米といった日本古来の食材を食べることで被ばく症の発症を抑えたと聞いている。中でも味噌は、チェルノブイリの原発事故の後、ヨーロッパからの注文が殺到した。放射能で奪われた電子を補う作用が味噌の食塩ミネラルにあるためだ。

日本の資源を掘り起こし、ハイブリッドに組み合わせて新たな価値をつくり出すことのできる起業家たちの「ココロザシ」を育て、それを応援する「ココロザシ」を持つ人々とつないでいくことで、より大きな「ココロザシ」にしよう。その結果として、日本を元気にしていこう。それが、ココロザスを設立した思いなのだ。

対象は社会の課題を解決したい、日本に新しい価値をつくり出したいと考えている起業家志望者にしぼっている。

では、具体的にどのようなカテゴリーを意識しているのか。サポートする事業例を紹介しよう。

農業の6次産業化ビジネス

半農半Xライフの実践

高齢化社会のイノベーション事業

シェアリングビジネス

空き家再生事業
田舎と都市を結びつける事業
リノベーション事業
日本文化の海外輸出事業
学校経営
オーガニックビジネス
廃校活用
自然食品事業
フェアトレード
メンタルトレーニング
休耕田の再生事業

先日、大手企業とコラボレーションし、里山の限界集落を再生しようとしている若者が相談にきた。大手企業には里山の復興を事業として手がけたい意志があるのだが、自分でビジネスモデルが描けないという。

対する相談に来た人は現地のことは分かるが、ビジネスとなると勝手が違い、どう進めていいか分からないと言う。

どちらも自らのフィールドでは確かな知識とノウハウを蓄積しているが、相手の領域はあまりにも未知で共通言語がないのである。

そこで私が両者の間に入り、アドバイザーとしてビジネスが軌道に乗るまで関わることになったのだ。

ＣＳＲ（企業の社会的責任）の観点からも、持続可能な社会をつくるために投資したい、それを事業として収益化したいという大手企業は今後も増えてくるだろう。日本企業に限らず、日本の資源に注目する外資系企業にも増えてくる可能性がある。

ほかには起業塾の卒業生である先述の東君が、館山市で移住者支援事業や田んぼオーナー制度を立ち上げるにあたり、ノウハウの提供、指導を行っている。

現地に行き、私が田んぼオーナーさんに直接指導するかたわらで東君にも学んでもらう。東君も田んぼの経験は浅いため、最初の始動だけで終わらず、しばらくは伴走する態勢となるだろう。

こんなプロジェクトもある。

秋田の米、あきたこまちをイスラム圏で販売するプロジェクトだ。

今、イスラム圏のマーケットは伸びている。あきたこまちの生産者の発案で、どのようにマーケティングしたらいいかという相談をもらった。

これが実現すればあきたこまちだけでなく、ほかの食材にも応用できるだろう。日本の農業が抱えるのは収益化の問題であるが、この状況を打破するケーススタディになれればと思うのだ。

こうしたビジネスが日本の未来を切り拓くカギとなるのは確実である。常にニューマーケットを開拓する形となるが、元来、ニューマーケットを切り拓くことが得意なタイプである。志ある彼らとのコラボレーションは非常に刺激的だ。

自分のマインドマップをつくってみよう

私は南房総での二拠点居住を実現したが、自己再生の全国をまわる旅に出たとき人脈があったわけではなかった。頭に浮かんだキーワードをネット検索していき、人脈と人脈を数珠つなぎにしていくことで今の生活が実現したのだ。

ここでお薦めしたいのが、自分のマインドマップをつくってみることである。

マインドマップとは、イギリスの著述家トニー・ブザンが提唱した思考・発想法である。頭の中にあるものを可視化するツールといったらイメージしやすいだろうか。

トニー・ブザンは脳と学習の世界的権威で、その書籍だけでなく、ウォルト・ディズニー、IBM、ブリティッシュ・エアウェイズなどの多国籍企業でアドバイザーを務め、国際的な主要企業、大学、学校で定期的に講演を行っていることでも知られている。

マインドマップはまず紙を用意し、真ん中にキーワードを置く。自分が気になっていること、関心を持っていることだ。

その言葉から思い浮かぶ言葉やイメージ（絵）を、核となる言葉から枝分かれさせる形で次々と書き込んでいく。これを放射思考と彼は呼ぶが、脳の処理システムは放射思考にもとづくもので、そこから生まれる連想は無限なのだそうだ。

実際に試してもらうと分かると思うが、次々と連想が広がっていく。これを行うと、自分の脳の中を探ることができ、さらにアイデアを生み出すことができるのだ。

使えば使うほど思考は進化し、脳は無限の連想マシンと化す。潜在能力が引き出されるため、最初は漠然としたイメージだとしても、マインドマップを使うことで新たなアイデ

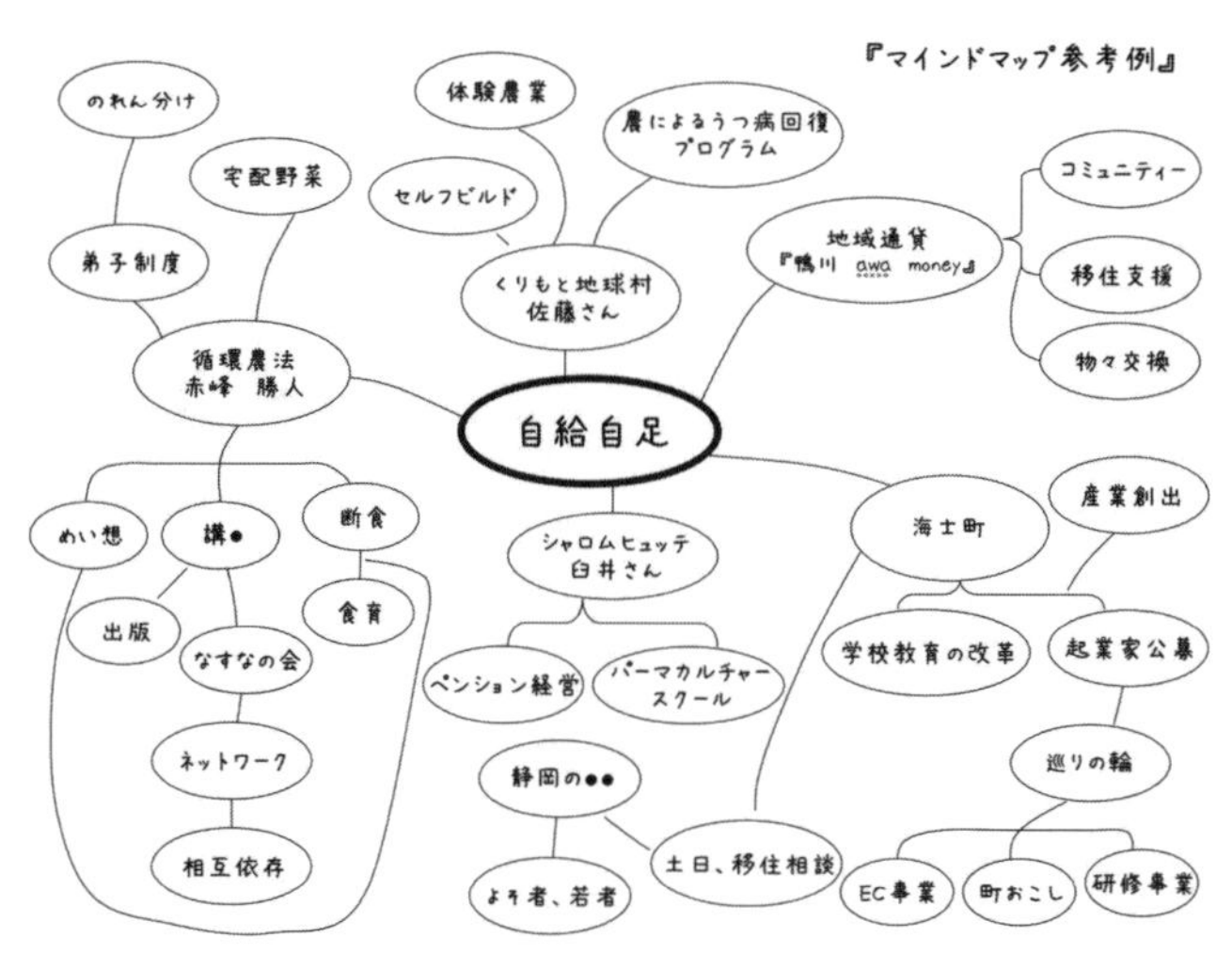

著者が書いたマインドマップ参考例

アが加えられ、ブラッシュアップできるのだ。

私も自己再生、あわ地球村やココロザスを立ち上げるときなどにマインドマップを書いた。

多くの人が自分の潜在的な欲求に対して目を向けないようにしている。「自分にはまだ早い」「今の安定した生活を壊したくない」「周りにそんな人はいないから」——そう、自ら封印してしまった潜在的な思考に働きかけるのにこの手法は役立つ。

人が使っている脳細胞は、その3%以下だから。

私はマインドマップを書いて自分の思考を可視化し、そのうえで気になるテーマをネット検索し、キーマンに会いにいくという方法を取り入れたのだ。人脈がなくても、何から手をつけていいか分からなくても、マインドマップを書いてみれば、進むべき道を組み立てることができる。

マインドマップの利点は、ほかにもある。

思考がクリアになるため、やりたいことと関連のある事象に対するアンテナが鋭くなる。キャッチアップが早くなるのだ。

慣れてくると頭の中で自然とできるようになるが、最初は紙に落とすことが大切である。

自己再生を考えたときに、実際に書いた私のマインドマップを例として紹介しておこう。

最初に置いたキーワードは「自給自足」だった。そこから連想するものを次々と書いていったところで、あわ地球村のビジョンが見えたのだ。

振り返ると当時の心境が思い出されるが、参考にしていただければ幸いだ。

シェアハウスや週末起業をやってみよう

田舎暮らしがしたいとか、二拠点居住がしたいという相談を受けることが多いのだが、シェアハウスから始めることをお薦めする。最小限のリスクで検証し、自分にふさわしいと感じたら実践に移るという方法である。

安房地域にも増えてきたのが、週末シェアハウス組である。その名のとおり、都心で暮らす人が週末だけシェアハウスで暮らしながら田舎暮らしの適性をはかったり、地元に人脈を築いたりしているのだ。

私の知っているところで言えば、「シラハマアパートメント」がそれにあたる。元企業の社員寮だったところをリノベーションした住まいで、1階にカフェと物販スペースがある。その上の2階、3階がシェアハウスで、さらに上の4階はデイリーの宿になっている。

見ていて楽しそうだなと感じるのは、1階の空きスペースを使って定期的にイベントを開催していることである。音楽フェスを開催したりもしている。

あわ地球村の田んぼオーナー制度の会員でもある永森昌志さんもシェアハウスを千倉の峰岡別荘地で展開している。彼は東京でコワーキングスペース「HAPON」の主宰者としても知られる。ほかにも、先述の楽縁の東君もシェアハウスを始めている。彼らには同じ想いがあって、この地域を活性化させるために、できるだけ若い人が来てほしい、自分たちのような若い人が増えてほしい、そして信頼できる仲間たちと確かなコミュニティをつくりたいという願いがあるのだ。その根底には、安心で安全な食の実現や子どもを自然の中で伸び伸びと育てる中で実感した、本当に豊かな暮らしに対する確かなビジョンがある。

シェアハウスからだったらハードルも低く、思い立ったらすぐに始められる手軽さがある。そしてなにより、人脈と多くの情報が得られる。お薦めである。

日本にはかつて終身雇用制度があった。60歳が定年退職で、第二の人生とでもいう形で定年後に好きなことをやるという生き方が一般的だった。

私はこうした価値観は、今のビジネスパーソンには通じないと感じている。今の時代、60歳定年という概念は成り立たない。仕事を生涯楽しみながら、同時に自分のやりたいことを実践する。定年後まで、やりたいことを先延ばしにすることに意味はないと感じるのだ。

また今の60代は若い。安房地域では、70代が農でも漁でもバリバリやっている。彼らには、定年という概念はない。だから若いのかもしれない。

さらに今は同時に3つくらいの仕事をする時代と言えるかもしれない。私や私の周囲の人がパラレルキャリアを実践しているように、複数の自分を持つことが豊かな人生の入り口であり、そこから生まれる強さが国に頼らないで生きることにもつながると思うのだ。

たとえば週末は好きなカフェをやるのもいいだろう。これからの時代は、空き家だらけになってくるので、直接家主に交渉して安い家賃で借りて、自分たちで内装を行えば、イニシャルコストを抑えることも可能だ。私の周りはそんな人が多い。ネットで自分の作品を売るのもいい。そこに加えて農をやる。自分が主体とならなくても、援農という形で地方の農家さんを手伝うという選択肢もある。**会社員か起業かという二択ではなく、ゆるやかに3カ所くらいから報酬をもらうような生き方がこれからは増えるだろう。**

特に地方は物件が安い。タダで借りることのできる物件も存在する。ここで土日だけお店をやるのもいいだろう。

週末のチャレンジングが、やがて本業になることもある。一人でいくつも仕事することが、これからの時代を強く生き抜くキーワードになるかもしれないのだ。

「食」の自給は難しくない

国に頼らない生き方の実践として、基本的なアクションと言えるのが「農」を始めることだと思う。農業ではなく、「農」である。農業は業というだけあって、売るという行為がついてまわり、難易度が高い。しかし自分で食べるだけの分を自分の手でつくるのは、多くの人が思っているほど難しいことではない。

私の場合は、いきなり「田んぼオーナー制度」を始めたので七転八倒したが、小規模で仲間と3年もやればある程度のスキルは身について収穫も可能である。

ヨーロッパにはクラインガルデンという家庭菜園付きの別荘が普及しており、ロシアにはダーチャという同じような文化がある。

しかし、日本にはこうした文化がない。

日本は近年、つくる人と消費する人に分断されてしまったことに問題がある。先進国の中で50％を切る食料自給率の低さは致命的である。

日銀が日本国債の最終引き受け手となっている現在、どこかで極度のインフレが起きる可能性もある。そのときに、自分の手で食をつくっていることの安心感は大きい。

２０１３年の世界人口は62億人、15年前の１９９８年が50億人、国連によると２０５０年には95億人になると予測されている。

今多くの著名人が世界の食糧危機に対して警笛を鳴らしている。

かつてキューバでは、キューバ危機の際に経済措置を受けて輸入が止まったとき、国家主席のカストロは国民にベランダで野菜をつくれと命じたという。それにより輸入に頼らずに乗り切っただけでなく、今では自給率100%を誇る。これは国力として非常に強いといえる。日本の農業大学の学生がキューバに有機農業を学びに行っている――それほどの差があるのだ。

キューバを例にするわけではないが、まずトライアルとしてお薦めしたいのは、ベランダ農園である。

実は私も最初は、ベランダ農園から始めた。移住地探しを始めた頃、東京のマンションのベランダで初めて野菜の種を蒔いた。

ではここで、赤峰さん直伝のベランダでの循環農法のやり方を伝授しよう。

まず、手頃な発泡スチロールの箱を用意し、水が出る穴をあける。そしてそこに土を入れるのだが、問題は堆肥である。無農薬、無化学肥料で育てたいと探しても、店先に並ぶのは、当然のように化学肥料が混在している堆肥である。そこで有効活用するのが家庭で出る生ゴミだ。ポリバケツの底をくりぬき、ここに生ゴミを入れていく。虫がたからないように、ストッキングのようなネット素材で覆いをかけておく。そして、定期的にバケツの場所をずらしていく。

土にはデトックス効果がある。医療の現場では、うつ病の人の治療に田んぼを使うプログラムがあるほどだ。私も田んぼの中に入ってそれを経験している。田車での除草を終えたら、肉体は疲れているのだが、体にエネルギーが充満しているのを感じる。大地とつながっている土からは、大地のエネルギーを吸収することができるのだ。

自分の健康は自分で守る

年金支給年齢が75歳に引きあげられると言われ始めた。自民党の河野太郎氏が自身の2014年6月5日のブログでこのように書いていた。

「100年安心年金を過去にうたった自公政権下では、さすがの官僚も年金制度が破綻するとは言えない。そこで、さまざまなケースをつくり、場合によっては積立金が底をつくこともあり得ることを示し始めた」

つまり年金システムは、とうに崩壊しているのだ。

そしてあがり続ける医療費。6人に1人の子どもがアレルギーを抱えているという現実。成人病も昔と比較して増えている。

こうした時代、自分の健康は自分で守らなければならない。そうした中で私がお薦めしたいのは玄米食だ。人の体は食べた物でできている。毎日の食を見直すことが確実であり、特別な投資のいらない手軽な方法と言えるのだ。

玄米は完全食と言われるほど、生命活動に必要な要素のほとんどが含まれている。やはり、命があるものは強い。精米した米を土に蒔いても芽は出ないが、玄米は土に蒔いたら芽が出る。芽が出る物にはすなわち命が宿っていて、その命を食べることで私たちはエネルギーを得ることができるのだ。逆に言えば、エネルギーのないものをいくら食べても、意味がないのだ。玄米を食べると、キレやすい子どもの情緒が安定するというのも、このあたりに理由があるように感じる。

玄米は、ぼそぼそしていて苦手な人もいるだろう。

でも、圧力釜を使うと美味しく炊き上がる。

このとき少しの塩を加えるのだが、ほかに特別なことをしなくてもモチモチと美味しく炊きあがる。

また、最近の炊飯器の技術革新は素晴らしい。外国人がこぞって購入して帰るそうだ。玄米炊きが可能で圧力機能がついているモノはかなりクォリティが高く、圧力鍋が面倒だという人にはお薦めである。

玄米は繊維質が豊富なので、デトックス効果もある。

私には鼻炎をずっと患っていて手術寸前だった中学生の姪がいるのだが、玄米食に替えて見事に治った。

昔の人はカロリーではなく、「気」のある物を食べることを大切にしていたという。赤峰さんに出会って、このことを実感する。芽のある物、気のある物を意識して食べるようになってから、自分の体は変化した。年を重ねているにもかかわらず、エネルギーがみなぎっているのを感じるのだ。人間の体は食べ物のおかげ。なにを食べるかで体質は変わる。


もう一つ健康法でお薦めしたいのが断食である。最高の病気直しは、断食と言っても過言ではないだろう。

というのも、現代社会において防腐剤をはじめとする化学物質を口にしない生活は不可能と言ってよい。それが日々、蓄積されていき平均的な成人で年間の取得量が約3キログラム以上と言われている。

病気にかかりやすくなったり、疲れやすくなったり、集中力がなくなったり、加齢による症状とも誤解されているが、これらの多くは普段口にする物に原因があるのだ。いわゆる毒素である。

溜まりつづける毒素をデトックスする方法が断食である。私はその方法を、曹洞宗の僧侶である野口法蔵さんから教えてもらった。彼はインドの苦行を長く実践した後に曹洞宗の僧侶になった人で、断食に興味を持っていた私は2009年に野口さんにお会いした。

現在、彼が普及しているメソッドはインドに古くから伝わる断食法に座禅を組み合わせたものである。これを長野県の松本市にある美空野温泉で旅館を貸し切って毎月実施している。訪れる人の多くは、深刻な病を抱えた人や体質改善を目指す人である。

大半が女性だが、過去に脱落者を出したことがないことが野口さんの自慢だ。

3日間のプログラムでは、20分の座禅を12セット行う。その期間、口にする物はオレンジジュース100ccと塩、水のみ。3日目の朝には「明けの食事」として、大根を梅汁で煮た物をどんぶり3杯ほど食べる。それと生野菜のスティック。すべて繊維質の野菜を摂取することで、腸にタワシを入れる感覚で宿便を落としていくのだ。この食事の後、ほとんどの人が30分以内に排便をもよおす。宿便が一気に出るのだ。8割の参加者が初回で宿便が出るという。私は初年度に3回参加したが、今では自分で日常生活の中で行っている。

身体が明らかに重く、集中力がなくなってくると実施することにしている。やはり年に3回くらいのペースを自然に行っている。本当に意識がクリアになり、心が穏やかになるのを実感する。この習慣を身につけてもう4年目になるが、おかげさまで病気知らずである。

ほかにも、岡部明美さんが主催する「ファスティング（半断食）のワークショップ」がお薦めである。

ダイコン、ニンジン、青野菜をすり下ろしたものに独自のドレッシングをかけたものを1日に2食いただく。

2泊3日の合宿形式で行われるのだが、空腹感を感じることがあまりなくリラックスして過ごすことができる。途中、クリスタルボールの演奏やリラクゼーションワークがあり断食が初めての人でも取り組みやすい。

ただし断食は危険をともなうので、確かな指導者のもとで試してほしい。

野口法蔵さんの断食に関しては、著書『断食座禅のススメ』に詳しく書かれている。

「モノ」から「つながり」へ

日本は資本主義の発展とともに大量生産・大量消費から、多品種少量生産の社会へと移り変わったといえる。それは「モノ」ではなく、「つながり」を重視する社会が到来したことを意味する。

実際、電車に乗ると10年前に比べて携帯電話をしている人が非常に多い。携帯電話を通じて「つながり」を確認しているのであり、もはや体の一部となっていることがうかがえる。

リーマンショックを予測した、フランスのシンクタンクLEAP／E2020が金融資本主義の崩壊とともに持続可能な新しい経済システムが出現し、それは共同体志向の強い経済であると予測している。

「金融危機ならびに世界不況に直面し、国民は政府、企業、メディアなどの社会組織に対する信頼を完全に喪失してしまった。逆に今、国民は信頼できる仲間との関係を樹立し、地域コミュニティに回帰する方向に動いている。

地域コミュニティに回帰した生き方は、幸福の源泉を家族や仲間との人間関係に見い出すのであり、車や耐久消費材へのものの消費に向かわなくなる。今このような消費性向の変化は主要先進国で加速している。したがって、アメリカの膨大な消費が支えてきたかつての状態に世界経済が戻ることはまず考えられない。それを実現しようとする政府のどのような努力もむだに終わる」と書かれてあるのだ。

つまり「モノ」ではなく、「つながり」の時代が到来することを示唆しているのだ。

また3・11の震災後に「あわ菜の花隊」という被災地支援団体を立ち上げたことは先述した。その活動を通じて石巻の黄金地区で藤田利彦さんという地域のリーダーにお会いしたときの話も象徴的である。

石巻の黄金浜は4月に入るまで自衛隊の支援が追いつかず、3月11日以降は自力で生き延びた地域である。彼らは生きるために、食べられるものをガレキの中から探し命をつないだというが、次第に地域の中でも格差ができ始めたという。

藤田氏の住む黄金浜は、新興住宅街のため3軒隣に誰が住んでいるのかが分からなかったために共同体をつくることができず、炊き出しを実施できなかったのだ。

しかし隣町は昔ながらの集落だったので同じ時期に、倒壊した家屋の木材を燃やして炊き出しが始まった。その差は地域の「絆」（つながり）であり、ベースは祭りなのだと藤田氏は語る。祭りが盛んな地域は共同体的な絆が残っているが、祭りが希薄になった地域はその絆がなくなり、災害が起きたときに、助け合うというコミュニティがつくれなくなってしまっていたというのだ。

私はこのふたつの事象に、私たちが生きるうえで目指す方向性があると確信した。

これからの時代に必要なのは、**つながりの強いコミュニティである。**

おわりに

東京が消費する町で、地方がモノをつくる町。

今の日本は、消費と生産が別れたところから問題が生まれている。

アメリカでは、上位1%の富裕層が合衆国資産の34%までを保有する格差社会を生み出したことにより「ウォール街を占拠せよ」の抗議運動が起きた。

リーマンショック後の2008年には、自分が毎週、東京と南房総を行き来する、こんな生活をするとは思いもよらなかった。

まして米づくりをするなどとは想像すらつかなかった。

自分の幸福指数を上げるにはなにが必要で、なにが不必要なのか？

なにが本当なのか？

すべては、自分の枠を疑ってみることから始まった。


今の枠は本当に外せないのか？


リーマンショックという台風に吹き飛ばされたおかげで、自分の古い生活様式を捨てて新しいライフスタイルを手にすることができたのだ。

新しい生き方を模索するには、古いモノを捨てることが始まりかもしれない。


そして行き着いた結論が、「農」と「結いのコミュニティ」「新しい働き方」だった。

結局、グローバリゼーションを推し進めていくことにより、社会の格差が広がり富の偏りが生まれた。

そして今、世界中で抗議デモが起きている。

この現象は世界的に政府の力が落ちてしまい、国民が国に対して不安と不信感を抱いていることを表わす。

国に頼らない生き方が、日本だけではなく世界的に求め始められている。

そして私にとって、その実現に必要だったのが「検索」と「行動」であった。

これは21世紀を生きる人だけが手にした武器なのである。

「ｗｅｂの世界」と「リアルな世界」。

私たちはこの二つの世界を行き来することができる、ドラえもんの「どこでもドア」を手に入れたのである。

日本はもともと国土が豊かで自給自足が可能な国なのだ。

これからは、「どこでもドア」を使って国に頼らない共同体的な生き方を選ぶ人々が増えるであろう。

参考文献

ダニエル・ピンク『ハイコンセプト』三笠書房

赤峰勝人『循環農法』なずなワールド

赤峰勝人『ニンジンから宇宙へ』なずなワールド

ジャック・アタリ『21世紀の歴史』作品社

野口法蔵『断食座禅のススメ』七つ森書館

参考ウェブサイト

舎爐夢ヒュッテ　http://www.ultraman.gr.jp/shalom/

安曇野地球宿　http://chikyuyado.com/

鴨川自然王国　http://www.k-sizenohkoku.com/

ビーチロックビレッジ　http://www.k-simapro.com/

シラハマアパートメント　http://www.shirahamaapartment.com/index.html

岡部明美　http://okabeakemi.com/

著者プロフィール

桐谷晃司　（きりたに・こうじ）

1964年大阪生まれ。88年関西大学卒業。91年仲間5人で㈱ワイキューブ（新卒採用コンサルティング）を共同創業。2001年３度目の起業でデジパ㈱（インターネット関連）を創業、13年間で社員8人が起業。2009年に自己再生の旅をした後、2010年に南房総に移住。「半農半起業家」という生き方を選択。現在、デジパ㈱、NPO法人あわ地球村、㈱ココロザス、３社の代表を務める。

【著者連絡先】

デジパ㈱　ウェブ制作事業
http://digiper.com/
ココロザス㈱　起業家育成事業
http://kokorozasu.jp/
東京都渋谷区恵比寿南2-19-7VORT 恵比寿 Dual's 5F
NPO法人　あわ地球村　会員組織、田んぼオーナー制度
http://awa-chikyumura.jp/
千葉県南房総市千倉町白子2448-2

スペシャルサンクス／佐藤康生（佐藤康生事務所）

検索せよ。そして、動き出せ。

2015年1月1日　第１刷発行

著　者　桐谷晃司
発行者　唐津　隆
発行所　株式会社ビジネス社
〒162－0805　東京都新宿区矢来町114番地
神楽坂高橋ビル5F
電話　03－5227－1602　FAX 03－5227－1603
URL　http://www.business-sha.co.jp/

〈印刷・製本〉モリモト印刷株式会社
〈カバーデザイン〉モトモト　松本健一
〈本文組版〉エムアンドケイ　茂呂田 剛
〈編集担当〉本田朋子〈営業担当〉山口健志

ISBN978-4-8284-1786-8